“十三五”职业教育国家规划教材

通信工程制图

主　编　马　敏

副主编　杨　光　曾庆珠　张方园

北京理工大学出版社

BEIJING INSTITUTE OF TECHNOLOGY PRESS

内 容 简 介

本书采用模块式的内容组织形式，从通信工程基础到通信工程图纸实例，全面介绍通信工程制图内容。全书分为通信工程基础、通信工程制图要求、AutoCAD 2010 基础、制图准备、绘制图形、修改图形、图形样式设置和通信工程图纸绘制 8 个模块，每个模块采用对应内容导读和若干技能训练，加强模块中知识要点的掌握。

本书既可作为高职高专通信类专业教材，也可作为通信专业概预算员、电路图形制作等培训教材，同时也可作为通信工程设计人员的参考工具书。

图书在版编目（CIP）数据

通信工程制图 / 马敏主编. —北京：北京理工大学出版社，2018.1（2021.8 重印）
ISBN 978-7-5682-3696-6

Ⅰ. ①通… Ⅱ. ①马… Ⅲ. ①通信工程-工程制图-高等学校-教材 Ⅳ. ①TN91

中国版本图书馆 CIP 数据核字（2017）第 247278 号

出版发行 / 北京理工大学出版社有限责任公司
社　　址 / 北京市海淀区中关村南大街 5 号
邮　　编 / 100081
电　　话 /（010）68914775（总编室）
（010）82562903（教材售后服务热线）
（010）68944723（其他图书服务热线）
网　　址 / http://www.bitpress.com.cn
经　　销 / 全国各地新华书店
印　　刷 / 三河市华骏印务包装有限公司
开　　本 / 787 毫米×1092 毫米　1/16
印　　张 / 11.25
字　　数 / 265 千字
版　　次 / 2018 年 1 月第 1 版　2021 年 8 月第 5 次印刷
定　　价 / 32.00 元

责任编辑 / 陈莉华
文案编辑 / 陈莉华
责任校对 / 周瑞红
责任印制 / 李　洋

图书出现印装质量问题，请拨打售后服务热线，本社负责调换

前言 Preface

通信产业的不断发展，建设项目不断增多，离不开通信工程设计工作，因此对工程设计的人才需求也越来越大。通信工程图纸的绘制作为通信工程设计的重要环节，已成为工程设计人员必备的基本技能。

本书在保证内容完整性和岗位紧密性的同时，增加工程设计内容及工程案例/图纸等，以保证知识的连贯性和技能的实用性；在技能训练部分以满足通信类岗位需求为目标，以培养学生的实践技能为着力点。与企业合作编写，力求做到“理论够用，突出实践，着重岗位技能培养”，力图使这本书既可作为高等院校通信类专业教材，也可作为通信设计类培训教材及通信工程设计人员的参考工具书，能够满足通信工程设计工作者的基本需求。

本书共 8 个模块。模块 1 主要介绍通信工程基础知识，包括通信工程建设程序以及通信工程设计概念；模块 2 主要介绍通信工程制图要求，包括通信工程制图内容、图形符号规定、制图总体要求、制图规范和图纸绘制具体要求；模块 3 主要介绍了通信制图中主流软件 AutoCAD 2010 的安装使用及软件界面；模块 4 主要介绍了制图准备，包括 AutoCAD 2010 软件中的图形文件管理与设置、辅助绘图工具的使用和图层设置；模块 5 主要介绍了 AutoCAD 2010 软件中图形绘制命令的使用，包括点与线类、多边形、圆弧类和图案填充等常用绘图命令的使用；模块 6 主要介绍了图形修改命令的使用，包括 AutoCAD 2010 软件中删除与恢复类、移动复制类和图形变形类等常用修改命令的使用；模块 7 主要介绍了图形样式设置，包括文字样式、表格样式和尺寸标注样式的设置及使用；模块 8 主要介绍了通信工程图纸绘制，包括通信光缆线路工程图和通信设备安装工程图的绘制步骤及内容，系统绘制实际工程图纸。根据高校学生的学习特点，全书采用理论教学与技能训练相结合的编排，适合在教学中采用灵活的教学方法，增强学生的学习效果。

本书由马敏老师统稿，其中模块 1 由杨光老师编写，模块 2～6 由马敏老师编写，模块 7 由马敏老师和张方园老师共同编写，模块 8 由曾庆珠老师编写。

本书在编写过程中得到了部分规划设计、施工单位及有关技术人员的大力支持和帮助，他们为本书的编写提供了很多宝贵意见，在此表示衷心的感谢！

本书在编写过程中参考了信息产业部部颁标准和国家通信行业标准，以及相关企业的部分资料，在此表示感谢！

因时间和水平有限，书中难免存在不足之处，恳请广大读者提出宝贵意见！

目录 Contents

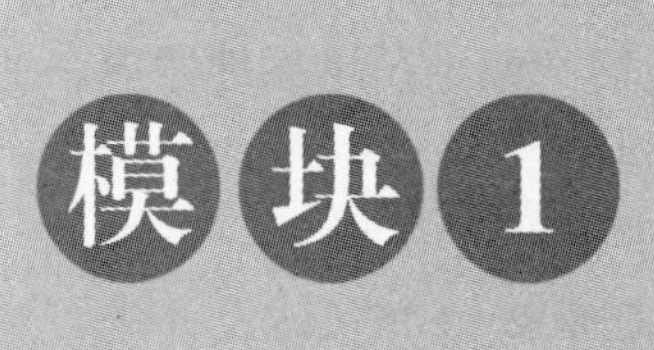

模块 1

通信工程基础

内容导读

通信建设工程的基本概念

通信建设项目的概念与分类

通信建设工程的建设程序

单元 1　了解通信工程建设程序

内容导入

随着现代通信技术的飞速发展，为了满足国家经济建设进程和日益增长的用户需求，需要有计划、有目的地投入一定的人力、财力、物力，通过勘察、设计、施工以及设备购置等活动将先进的通信技术转化为现实生产力，而整个实施过程就是通信建设工程。本单元将以通信工程的大中型和限额以上的建设项目为例来介绍基本建设程序。

单元目标

（1）了解通信建设工程的基本概念；

（2）掌握工程基本建设程序；

（3）明确通信工程制图在建设程序中的位置。

知识内容

一、通信建设工程的基本概念

通信建设工程是指通信系统网络建设和设备施工，包括通信线路光（电）缆架设或敷设、通信设备安装调试、通信附属设备的施工等内容。目前我国的通信产业正在迅猛地发展，通信市场也在持续地扩大，通信建设项目也在不断地增多。

1. 建设项目的概念

建设项目是指按一个总体设计进行建设。经济上建设项目是指按一个总体设计进行建设，经济上实行统一核算，行政上有独立的组织形式并实行统一管理并具有法人资格的建设单位。凡属于一个总体设计中分期分批进行建设的主体工程和附属配套工程、综合利用工程等都应作为一个建设项目。

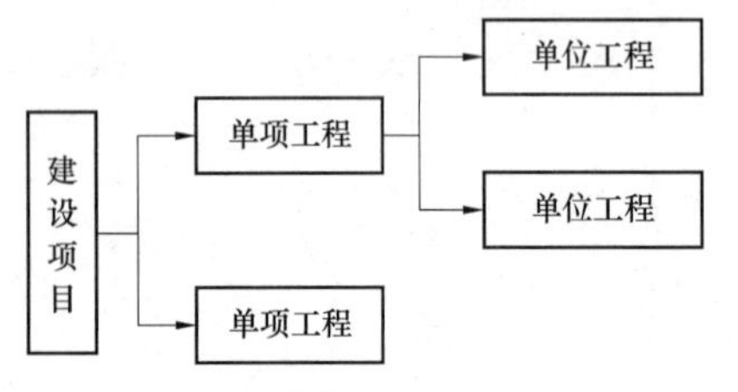

图 1–1　建设项目构成示意图

单项工程是指具有单独的设计文件，建成后能够独立发挥生产能力或效益的工程。

单位工程是指具有独立的设计，可以独立组织施工，但不可以独立发挥生产能力或效益的工程。单位工程是单项工程的组成部分。一个单位工程包含若干个分部、分项工程。

2. 建设项目的构成

建设项目的构成如图 1–1 所示。

二、通信建设工程的分类

为加强通信建设管理，规范通信建设市场行为，确保通信建设工程质量，原邮电部〔1995〕945 号文发布《通信建设工程类别划分标准》。文件中明确不同资格等级的设计、施工单位承担相应类别工程的设计、施工任务。甲级设计单位、一级施工承包企业可以分别承担批准专业的各类工程的设计、施工任务。乙级设计单位、二级施工企业可分别承担二类、三类、四类工程的设计、施工任务。如特殊情况需承担一类工程任务时，应向设计、施工单位资质管理主管部门办理超规模、超业务范围申报手续，经批准后才能承担。其他资格等级的设计、施工单位承担任务时亦按此原则办理。

1. 按建设项目划分

（1）符合下列条件之一者为一类工程：

① 大、中型项目或投资在 5 000 万元以上的通信工程项目；

② 省际通信工程项目；

③ 投资在 2 000 万元以上的部定通信工程项目。

（2）符合下列条件之一者为二类工程：

① 投资在 2 000 万元以下的部定通信工程项目；

② 省内通信干线工程项目；

③ 投资在 2 000 万元以上的省定通信工程项目。

（3）符合下列条件之一者为三类工程：

① 投资在 2 000 万元以下的省定通信工程项目；
② 投资在 500 万元以上的通信工程项目；
③ 地市局工程项目。
（4）符合下列条件之一者为四类工程：
① 县局工程项目；
② 其他小型项目。
2. 按单项工程划分
（1）通信线路工程类别划分如表 1–1 所示。

表 1–1　通信线路工程类别

序号	项目名称	一类工程	二类工程	三类工程	四类工程
1	长途干线	省际	省内	本地网	—
2	海缆	50 km 以上	50 km 以下	—	—
3	市话线路	—	中继光缆或 2 万门以上市话主干线路	局间中继电缆线路或 2 万门以下市话主干线路	市话配线工程或 4 000 门以下线路工程
4	有线电视网	—	省会及地市级城市有线电视网线路工程	县以下有线电视网线路工程	—
5	建筑楼综合布线工程	—	1 万平方米以上建筑物综合布线工程	5 000 平方米以上建筑物综合布线工程	5 000 平方米以下建筑物综合布线工程
6	通信管道工程	—	48 孔以上	24 孔以上	24 孔以下

（2）通信设备安装工程类别划分如表 1–2 所示。
（3）邮政设备安装暂不按单项工程划分类别。

表 1–2　通信设备安装工程类别

序号	项目名称	一类工程	二类工程	三类工程	四类工程
1	市话交换	4 万门以上	4 万门以下，1 万门以上	1 万门以下，4 000 门以上	4 000 门以下
2	长途交换	2 500 路端以上	2 500 路端以下	500 路端以下	—
3	通信干线传输及终端	省际	省内	本地网	—
4	移动通信及无线寻呼	省会局移动通信	地市局移动通信	无线寻呼设备工程	—
5	卫星地球站	C 频段天线直径 10 m 以上及 ku 频段天线直径 5 m 以上	C 频段天线直径 10 m 以下及 ku 频段天线直径 5 m 以下	—	—

续表

序号	项目名称	一类工程	二类工程	三类工程	四类工程
6	天线铁塔	—	铁塔高度 100 m 以上	铁塔高度 100 m 以下	—
7	数据网、分组交换网等非话务业务	省际	省会局以下	—	—
8	电源	一类工程配套电源	二类工程配套电源	三类工程配套电源	四类工程配套电源
注	新业务发展按相对应的等级套用。				

注：（1）通信工程包括电信工程和邮政工程；

（2）本标准中×××以上不包括×××本身，×××以下包括×××本身；

（3）天线铁塔、市话线路、有线电视网、建筑楼综合布线工程为无一类工程收费的专业；

（4）卫星地球站、数据网、分组交换网等专业无三、四类工程，丙、丁级设计单位和三、四级施工企业不得承担此类工程任务。其他专业依此原则办理。

三、通信工程建设程序

通信工程的大中型和限额以上的建设项目的基本建设程序分为三个阶段八个步骤。

三个阶段，即立项、实施和验收投产；八个步骤，即提出项目建议书，项目可行性研究，编制计划任务书，编制设计文件，设备采购，施工招标或施工委托，施工、交工验收（初验、总验），投产运营。

任何通信工程项目建设都应遵循基本建设程序。

通信工程基本建设程序如图 1–2 所示。

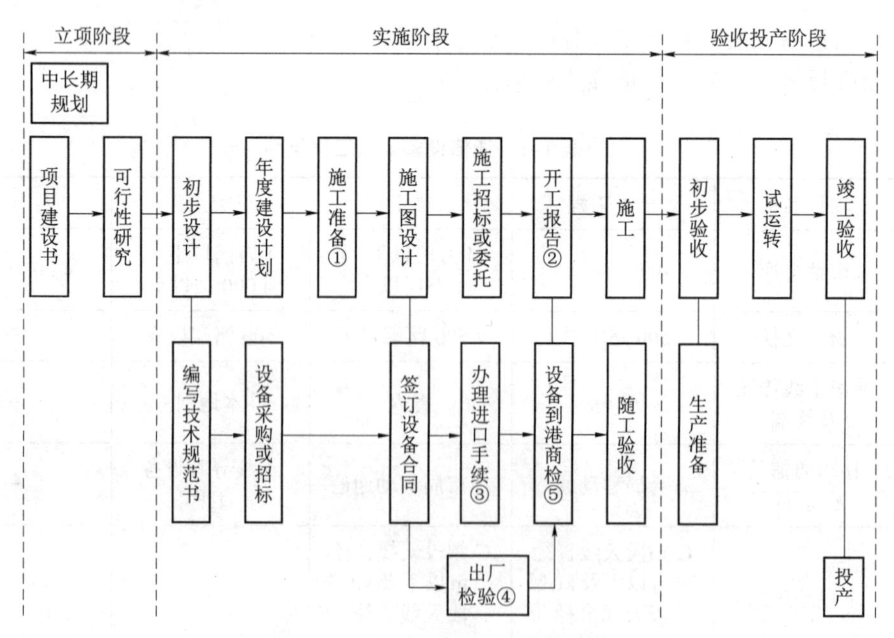

图 1–2 通信工程基本建设程序图

各阶段的主要工作内容如下。

1. 立项阶段

立项阶段是通信工程建设的第一阶段，主要工作包括提出项目建议书、开展可行性研究。

1）项目建议书

项目建议书是工程建设程序中最初阶段的工作，是投资决策前拟定该工程项目的轮廓设想，是选择建设项目的依据，它为开展后续工作——可行性研究、选址、联系协作配合条件、签订意向协议提供依据。它主要从宏观上衡量项目建设的必要性，并初步分析建设的可能性。

主要内容包括：项目提出的必要性和依据；拟建规模和建设地点的初步设想；建设条件的初步分析：项目的必要性、技术和经济的可行性；投资估算和资金筹措的设想；经济效果和投资效益的估计；对项目做出初步决策。

凡列入中长期计划或建设前的工作计划的项目，应该有批准的项目建议书。

2）可行性研究

可行性研究是指在决定一个建设项目之前，事先对拟建项目在工程技术和经济上是否合理和可行进行全面分析、论证和方案比较，推荐最佳方案，为决策提供科学依据。它是对拟建项目在决策前进行方案比较、技术经济论证的一种科学分析方法，是基本建设前期工作的重要组成部分。根据信息产业部拟订的《邮电通信建设项目可行性研究编制内容试行草案》的规定，凡是达到国家规定的大中型建设规模的项目，以及利用外资的项目、技术引进项目、主要设备引进项目、国际出口局新建项目、重大技术改造项目等，都要进行可行性研究。小型通信建设项目，进行可行性研究时，也要求参照本试行草案进行技术经济论证。

最后，投资主管部门根据可行性研究报告，做立项审批，列入固定资产投资计划，涉及城区规划的建设项目需要规划审批。

2. 实施阶段

实施阶段的主要任务就是工程设计和施工，这是建设程序最关键的阶段。它包括初步设计、年度建设计划、施工准备、施工图设计、施工招标或委托、开工报告、施工七个部分。

1）工程设计

工程设计是工程项目建设的基础，也是技术的先进性、可行性以及项目建设的经济效益和社会效益的综合体现。工程设计就是根据项目的要求，结合相关的科技成果、实际的工作经验、现行的技术标准、工程设计人员的智慧和创造性劳动，全面、准确、合理、具体地指导工程建设与施工过程。

设计的主要任务就是编制设计文件并对其进行审定。设计文件是安排建设项目和组织施工的主要依据，因此设计文件必须具有工程勘察设计证书和相应资格等级的设计单位编制。

2）施工

施工阶段是建设工程实物质量的形成阶段，勘察、设计工作质量均要在这一阶段得以实现。施工就是按照施工图的要求，把建设项目的建筑物和构筑物建造起来，同时把设备安装调试完好的过程。施工单位是建设市场的重要责任主体之一，它的能力和行为对建设工程的施工质量起关键作用。施工承包单位应根据施工合同条款、批准的施工图设计文件和施工前策划的施工组织设计文件进行施工，在确保通信工程施工质量、工期、成本、安全等目标的前提下，满足通信施工项目竣工验收规范和设计文件的要求。

施工单位必须建立、健全施工质量的检验制度，严格遵循合理的施工顺序，在施工过程中，对隐蔽工程在每一道工序完成后应由建设单位委派的监理工程师或随工代表进行随工验收，验收合格后才能进行下一道工序，最后待完工并自验合格后方可提交“交（完）工报告”。

3. 验收投产阶段

为了充分保证通信系统工程的施工质量，凡新建、扩建、改建的通信工程建设项目结束后，必须组织竣工验收才能投产使用。这个阶段的主要内容包括初步验收、试运转和竣工验收三个方面。竣工验收是工程建设最后一个程序，是建设投资成果转入生产或使用的标志，也是全面考核投资效益、验收工程设计和施工质量的重要环节，应坚持“百年大计，质量第一”的原则，认真搞好工程竣工验收。

1）初步验收

除小型建设项目外，建设项目在竣工验收前，应先组织初步验收。初步验收由建设单位组织设计、施工、监理、维护等部门参加。初步验收前，施工单位按有关规定，整理好文件、技术资料以及向建设单位提出交工报告。初步验收时应严格检查工程质量，审查施工单位提交的竣工技术文件和技术资料，对发现的问题提出处理意见，并组织有关的责任单位落实解决。

2）试运转

初步验收合格后，由建设单位或项目法人组织工程的试运转。试运转由供货厂商、设计、施工和使用部门参加，对设备性能、设计和施工质量以及系统指标等方面进行全面考核，试运转期间如发现质量问题，由相关责任单位负责免费返修。

3）竣工验收

上级主管部门或建设单位在确认建设工程具备验收条件后，即可正式组织竣工验收。由主管部门及建设、设计、施工、工程监理、维护使用、质量监督等相关单位组成验收委员会或验收小组，负责审查竣工报告和初步决算以及工程档案。工程质量监督单位宣读对工程质量的评定意见，讨论通过验收结论，颁发验收证书。只有建设工程经验收合格后，方可交付使用。

单元2　认识通信工程设计

内容导入

通信工程设计是对现有通信网络的装备进行整合与优化，是在通信网络规划的基础上，根据通信网络发展目标，综合运用工程技术和经济方法，依照技术标准、规范、规程，对工程项目进行勘察和技术、经济分析，编制作为工程建设依据的设计文件和配合工程建设的活动。

单元目标

（1）掌握不同设计阶段对工程制图的要求；

（2）明确过程设计中的图纸类型。

知识内容

一、通信工程设计的概念

通信工程设计往往要综合运用多学科知识和丰富的实践经验、现代的科学技术和管理方法，为通信工程项目的投资决策与实施、规划、选址、可行性研究、融资和招投标咨询、项目管理、施工监理等全过程提供技术与咨询服务。它主要包含设计前期工作、编制各阶段设计文件、配合施工、安装试生产、参加竣工验收和回访总结等工作。

设计文件由两部分组成：技术和经济。技术问题通过设计文件中的说明和图纸解决。经济问题通过设计文件中的概算、施工图预算和修正概算解决。

工程设计主要包括以下几方面工作：

（1）撰写设计方案。

（2）绘制工程图纸。

（3）编制工程概（预）算。

（4）编写设计说明书。

（5）完稿整理成册。

二、设计阶段划分

为保证工程建设和设计工作有机地配合和衔接，根据通信工程建设的规模、性质等情况的不同，可将工程设计划分为几个阶段。划分的每个阶段有不同的任务和要求，这些不同的阶段称为设计阶段。

一般通信建设项目设计按初步设计和施工图设计两个阶段进行，称为“两阶段设计”。

对于通信技术上复杂的，采用新通信设备和新技术项目，可增加技术设计阶段，按初步设计、技术设计、施工图设计三个阶段进行，称为“三阶段设计”。

对于规模较小，技术成熟，或套用标准的通信工程项目，可直接做施工图设计，称为“一阶段设计”。

不同设计阶段所对应的具体内容如下。

1. 初步设计

初步设计是根据批准的可行性研究报告，以及有关的设计标准、规范，并通过现场勘察工作取得可靠的设计基础资料和业务预测数据后由建设单位委托具备相应资质的勘察设计单位进行编制的。

初步设计的主要任务是确定项目的建设方案、制定技术指标、对主要设备和材料进行选型比较和提出主要设备、材料的清单，编制工程项目的总概算。对改建、扩建工程还需要提出原有设施的利用情况。在初步设计文件中，应对主要设计方案及重大技术措施等通过技术经济分析，进行多方案比较论证，并写明未采用方案的扼要情况及采用方案的选定理由。

2. 技术设计

技术设计是根据已批准的初步设计，对设计中比较复杂的项目、遗留问题或特殊需要，通过更详细的设计和计算，进一步研究和阐明其可靠性和合理性，准确地解决各个主要技术问题。

技术设计的主要作用是按照审核会议规定的工程内容和规模进一步详细地论证建设方案中的主要设备技术指标、网络远期规划等。通过详细的技术论证和经济分析，进行多方案比选，得出更具体、真实可靠的技术有关数据，对最终确定采用的方案进行更细致全面的说明。

3. 施工图设计

建设单位委托设计单位进行施工图设计。施工图设计文件是控制建筑安装工程造价的重要文件，是办理价款结算和考核工程成本的依据，应根据批准的初步设计文件和主要通信设备订货合同进行编制。

施工图设计是初步设计（或技术设计）的完善和补充，是施工的依据，一般由文字说明、图纸和预算三部分组成。施工图设计过程中，设计人员在对现场进行详细勘察的基础上，对初步设计做必要的修正，绘制施工详图，标明通信线路和通信设备的结构尺寸、安装设备的配置关系和布线，明确施工工艺要求，编制施工图预算，以必要的文字说明表达意图，指导施工。施工图设计应全面贯彻初步设计的各项重大决策，其内容的详尽程度，应能满足指导施工的需要，施工图设计所编制的施工图预算原则上不得突破初步设计概算。

三、工程设计中的图纸类型

通信工程设计的主要内容一般有：通信光（电）缆线路设计、通信管道设计和通信设备安装设计。

通信光（电）缆线路设计包括线路路由的选择、光（电）缆的选择、光（电）缆的敷设方式、光（电）缆的防护设计、中继站的设计。

通信管道设计包括管道位置的选择、管道、人孔、手孔结构及建筑施工的设计。

通信设备安装设计包括设备的选型原则、终端、转接站设备的安装设计。下面将介绍以上工程设计需要哪些图纸。

1. 通信光（电）缆线路工程

光（电）缆线路工程设计所需图纸包括：

（1）路由总图，包括杆路图和管路图。

（2）光缆系统配置图，它主要反映敷设方式、各段长度、光缆光纤芯数型号、局站交接箱名称等。

（3）光缆线路施工图，包括光缆引接图、光缆上列端子图、光纤分配图、特殊地段线路施工安装图，如采用架空飞线、桥上光缆等。

（4）电缆线路施工图，包括主干电缆施工图、总配线架上列图、配线区设备配置地点位置设计图、配线电缆施工图、交接箱上列图。

（5）进局光（电）缆及成端光（电）缆施工图。

（6）主要局站内光（电）缆安装图，包括配线架安装位置。

（7）如有交接箱，则画交接箱安装图。

（8）通用图，包括电杆辅助装置图、管道及架空光（电）缆接头盒安装图、光（电）缆预留装置图等。

2. 通信管道工程

通信管道工程设计所需图纸包括：

（1）管道位置平面图、管道剖面图、管位图。

（2）管道施工图，包括平/断面图、高程图（4 孔以下管群可不画高程图）。

（3）特殊地段管道施工图。

（4）管道、人孔、手孔结构及建筑施工采用定型图纸，非定型设计应附结构及建筑施工图。

在有其他地下管线或障碍物的地段，应绘制剖面设计图，标明其交点位置、埋深及管线外径等。

3. 通信设备安装工程

（1）数字程控交换工程设计：应附市话中继方式图、市话网中继系统图、相关机房平面图。

（2）微波工程设计：应附全线路由图、频率极化配置图、通路组织图、天线高度示意图、监控系统图、各种站的系统图、天线位置示意图及站间断面图。

（3）干线线路各种数字复用设备、光设备安装工程设计：应附传输系统配置图、远期及近期通路组织图、局站通信系统图。

（4）移动通信工程设计。

① 移动交换局设备安装工程设计：应附全网网路示意图、本业务区网路组织图、移动交换局中继方式图、网同步图。

② 基站设备安装工程设计：应附全网网路结构示意图、本业务区通信网路系统图、基站位置分布图、基站上下行传输损耗示意方框图、机房工艺要求图、基站机房设备平面布置图、天线安装及馈线走向示意图、基站机房走线架安装示意图、天线铁塔示意图、基站控制器等设备的配线端子图、无线网络预测图纸。

（5）寻呼通信设备安装工程设计：应附网路组织图、全网网路示意图、中继方式图、天线铁塔位置示意图。

（6）供热、空调、通风设计：应附供热、集中空调、通风系统图及平面图。

（7）电气设计及防雷接地系统设计：应附高、低压电供电系统图，变配电室设备平面布置图。

小结

（1）通信建设工程是指通信系统网络建设和设备施工，包括通信线路光（电）缆架设或敷设、通信设备安装调试、通信附属设备的施工等内容。

（2）通信工程的大中型和限额以上的建设项目的基本建设程序分为三个阶段八个步骤。

三个阶段，即立项、实施和验收投产；八个步骤，即提出项目建议书，项目可行性研究，编制计划任务书，编制设计文件，设备采购，施工招标或施工委托，施工、交工验收（初验、总验），投产运营。

（3）通信工程设计是对现有通信网络的装备进行整合与优化，是在通信网络规划的基础上，根据通信网络发展目标，综合运用工程技术和经济方法，依照技术标准、规范、规程，对工程项目进行勘察和技术、经济分析，编制作为工程建设依据的设计文件和配合工程建设的活动。

（4）设计文件由两部分组成：技术和经济。技术问题通过设计文件中的说明和图纸解决。经济问题通过设计文件中的概算、施工图预算和修正概算解决。

（5）一般通信建设项目设计按初步设计和施工图设计两个阶段进行，称为“两阶段设计”。对于通信技术上复杂的，采用新通信设备和新技术项目，可增加技术设计阶段，按初步设计、技术设计、施工图设计三个阶段进行，称为“三阶段设计”；对于规模较小，技术成熟，或套用标准的通信工程项目，可直接做施工图设计，称为“一阶段设计”。

（6）通信工程设计的主要内容一般有：通信光（电）缆线路设计、通信管道设计和通信设备安装设计。

（7）通信光（电）缆线路设计包括线路路由的选择、光（电）缆的选择、光（电）缆的敷设方式、光（电）缆的防护设计、中继站的设计。

（8）通信管道设计包括管道位置的选择、管道、人孔、手孔结构及建筑施工的设计。

（9）通信设备安装设计包括设备的选型原则、终端、转接站设备的安装设计。

技能训练

1. 训练内容

（1）根据所学知识，掌握通信光（电）缆线路工程设计时所对应的图纸类型。

（2）在表 1–3 对应的位置填写不同类型的工程设计及其所需要的图纸类型。

2. 训练目的

（1）能够写出通信光（电）缆线路所需的工程图纸类型。

（2）知道不同类型工程设计时所需的工程图纸类型。

3. 训练要求

（1）能够明确工程设计与图纸类型的对应关系。

（2）能够在工程设计时列出对应的工程图纸。

表 1–3　工程设计对应图纸

工程设计类型	图纸类型
通信光（电）缆线路	

提示：通信光（电）缆线路设计包括线路路由的选择、光（电）缆的选择、光（电）缆的敷设方式、光（电）缆的防护设计、中继站的设计。

模块2

通信工程制图要求

内容导读

通信工程制图的基本概念
通信工程常用图形符号
通信工程制图规范及要求
通信图纸绘制要求

单元1　通信工程制图入门

内容导入

图纸是工程领域的通用语言，采用图样来表达技术思想，往往比文字更精确，也更具应用性和通用性。工程图纸就是使用图形符号、制图标准或有关规定，按不同专业的要求将工程对象画在一个平面上表达出来。为了读懂图纸就必须了解和掌握图纸中的各种图形符号、文字符号等所代表的含义。本单元介绍通信工程图纸的概念以及通信工程制图的图形符号。

单元目标

（1）理解通信工程制图的基本概念；
（2）认识通信工程制图中的常见图形符号。

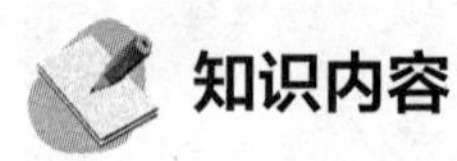

知识内容

一、通信工程图纸的概念

通信工程图纸是在对施工现场进行仔细勘察和认真搜索资料的基础上，通过图形符号、文字符号、文字说明及标注来表达具体工程性质的一种图纸。它是通信工程设计的重要组成部分，是指导施工的主要依据。通信工程图纸里面包含了诸如路由信息、设备配置安放情况、技术数据、主要说明等内容。

通信工程制图就是将图形符号、文字符号按不同专业的要求画在一个平面上，使工程施工技术人员通过阅读图纸就能够了解工程规模、工程内容，统计出工程量及编制工程概预算。只有绘制出准确的通信工程图纸，才能对通信工程施工具有正确的指导性意义。因此，通信工程技术人员必须要掌握通信制图的方法。

为了使通信工程的图纸做到规格统一、画法一致、图面清晰，符合施工、存档和生产维护要求，有利于提高设计效率、保证设计质量和适应通信工程建设的需要，要求依据以下国家及行业标准编制通信工程制图与图形符号标准：

YD/T 5015—2015《通信工程制图与图形符号规定》

YD/T 5224—2015《数字蜂窝移动通信网 LTE》《FDD 无线网工程设计规范》

YD/T 5225—2015《数字蜂窝移动通信网 LTE》《FDD 无线网工程验收规范》

YD/T 5120—2015《无线通信室内覆盖系统工程设计规范》

YD/T 5160—2015《无线通信室内覆盖系统工程验收规范》

YD/T 5114—2015《移动通信应急车载系统工程设计规范》

YD/T 5088—2015《数字微波接力通信系统工程设计规范》

YD/T 5222—2015《数字蜂窝移动通信网 LTE 核心网工程设计规范》

YD/T 5223—2015《数字蜂窝移动通信网 LTE 核心网工程验收规范》

YD/T 5227—2015《云计算资源池系统设备安装工程设计规范》

YD/T 5226—2015《支持多业务承载的本地 IP/MPLS 网络工程设计规范》

YD/T 5126—2015《通信电源设备安装工程施工监理规范》

二、图形符号

图形符号是用来表示设计意图的符号。《通信工程制图与图形符号规定》对 YD/T 5015—2007《电信工程制图与图形符号规定》的修订和补充，分为符号要素、限定符号、连接符号、传输系统、通信线路、通信管道、无线通信、核心网、数据网络、业务网&信息化系统、通信电源、机房建筑及设施和地形图常用符号共 13 个部分。

对制图、图形符号的使用要求等内容进行规范，主要修订内容如下：

（1）将原规定名称修改为《通信工程制图与图形符号规定》。

（2）增加各专业新增制图图形符号，共计新增了 137 个图形符号。

（3）对原有各专业制图图形符号进行修订改进，将原有 61 个图形符号进行了修订改进。

（4）将部分专业制图图形符号进行归并及顺序调整。

修订和补充的图形符号在附录《修订、补充内容一览表》中列出。

注：由于地形图常用符号未做修订，因此附录表中未列出。

单元 2　通信工程制图规范

内容导入

通信工程图纸是工程设计的重要组成部分，是指导施工的依据。图纸制图的规范至关重要。本单元介绍通信工程制图的总体要求和统一规定。

单元目标

掌握通信工程制图的总体要求和统一规定，能正确应用它们。

知识内容

一、通信工程制图总体要求

为了规范制图，对通信工程制图的总体要求如下：

（1）工程制图应根据表述对象的性质、论述的目的与内容，选取适宜的图纸及表达方式，完整地表述主题内容。

（2）图面应布局合理，排列均匀，轮廓清晰且便于识别。

（3）图纸中应选用合适的图线宽度，图中的线条不宜过粗或过细。

（4）应正确使用国家标准和行业标准规定的图形符号。派生新的符号时，应符合国家标准符号的派生规律，并应在合适的地方加以说明。

（5）在保证图面布局紧凑和使用方便的前提下，应选择合适的图纸幅面，使原图大小适中。

（6）应准确地按规定标注各种必要的技术数据和注释，并按规定进行书写或打印。

（7）工程图纸应按规定设置图衔，并按规定的责任范围签字。各种图纸应按规定顺序编号。

二、通信工程制图的统一规定

1. 图幅尺寸

工程图纸幅面和画框大小应符合国家标准 GB/T 6988.1—2008《电气技术用文件的编制 第 1 部分：规则》的规定，应采用 A0、A1、A2、A3、A4 及 A3、A4 加长的图纸幅面，如表 2–1 所示。当上述幅面不能满足要求时，可按照 GB 14689—2008《技术制图图纸幅面和格式》的规定加大幅面。也可在不影响整体视图效果的情况下分割成若干张图绘制。

图纸以短边做垂直边称作横式，如图 2–1（a）所示；以短边作水平边称作立式，如图 2–1（b）所示。一般 A0～A3 图纸宜用横式使用，必要时也可立式使用。一个专业的图纸不适宜用多于两种的幅面，目录及表格所采用的 A4 幅面不在此限制。

表 2–1　图纸幅面对应尺寸

尺寸代号 \ 幅面代号	A0	A1	A2	A3	A4
$B \times L$	841×1 189	594×841	420×594	297×420	210×297
c	10			5	
a	25				
注：B 为图幅短边尺寸；L 为图幅长边尺寸；a 为装订边尺寸；其余三边尺寸为 c。表中单位为 mm。					

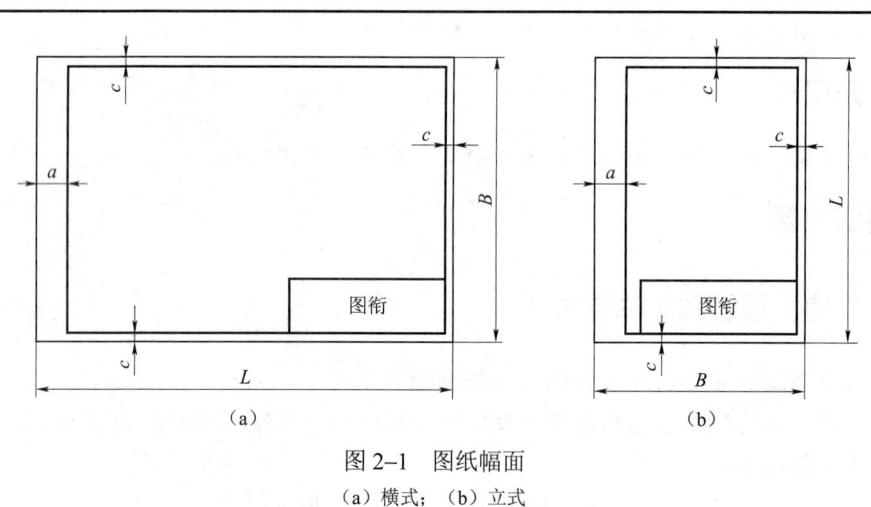

图 2–1　图纸幅面

（a）横式；（b）立式

当上述幅面不能满足要求时，可按照《电信工程制图与图形符号》的规定加大幅面。也可在不影响整体视图效果的情况下分割成若干张图绘制。

根据表述对象的规模大小、复杂程度、所要表达的详细程度、有无图衔及注释的数量来选择较小的合适幅面。

2. 图线型式及其应用

绘制的工程图样是由图线组成的，为了表达工程图样的不同内容，并能够分清主次，须使用不同的线型和线宽的图线。线型分类及其用途如表 2–2 所示。

表 2–2　线型分类及用途表

图线名称	图线型式	一般用途
实线	————————	基本线条：图纸主要内容用线，可见轮廓线
虚线	- - - - - - - - - -	辅助线条：屏蔽线、机械连接线、不可见轮廓线、计划扩展内容用线
点画线	——·——·——	图框线：表示分界线、结构图框线、功能图框线、分级图框线
双点画线	——··——··——	辅助图框线：表示更多的功能组合或从某种图框中区分不属于它的功能部件

线型使用时应遵循以下规则：

（1）图线宽度种类不宜过多，通常宜选用两种宽度的图线。粗线的宽度宜为细线宽度的两倍，主要图线采用粗线，次要图线采用细线。对复杂的图纸也可采用粗、中、细三种线宽，线的宽度按 2 的倍数依次递增。图线宽度应从以下系列中选用：0.25 mm、0.35 mm、0.5 mm、0.7 mm、1.0 mm、1.4 mm。

（2）使用图线绘图时，应使图形的比例和所选线宽协调恰当，重点突出，主次分明。在同一张图纸上，按不同比例绘制的图样及同类图形的图线粗细应保持一致。

（3）应使用细实线作为最常用的线条。在以细实线为主的图纸上，粗实线应主要用于图纸的图框及需要突出的部分。指引线、尺寸标注线应使用细实线。

（4）当需要区分新安装的设备时，宜用粗线表示新建，细线表示原有设施，虚线表示规划预留部分，原机架内扩容部分宜用粗线表达。

（5）平行线之间的最小间距不宜小于粗线宽度的两倍，且不得小于 0.7 mm。

注：在使用线型及线宽表示图形用途有困难时，可用不同颜色区分。

3. 比例

（1）对于建筑平面图、平面布置图、管道及光电缆线路图等图纸，一般按比例绘制；方案示意图、系统图、原理图等可不按比例绘制，但应按工作顺序、线路走向、信息流向排列。

（2）对于平面布置图、线路图和区域规划性质的图纸，推荐比例为：1:500、1:1 000、1:2 000。

（3）应根据图纸表达的内容深度和选用的图幅，选择合适的比例。

（4）对于通信线路及管道类的图纸，为了更方便地表达周围环境情况，可采用沿线路方向按一种比例，而周围环境的横向距离采用另外的比例，或示意性绘制。

4. 尺寸标注

一个完整的尺寸标注应由尺寸数字、尺寸界线、尺寸线及其终端等组成，如图 2–2 所示。

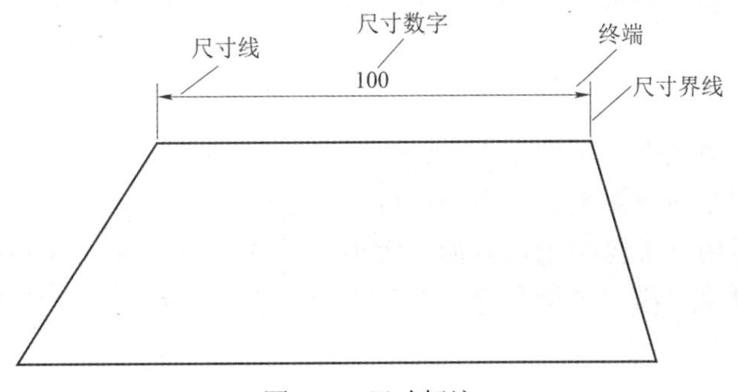

图 2–2　尺寸标注

图中的尺寸数字，一般应注写在尺寸线的上方或左侧，也允许注写在尺寸线的中断处，但同一张图样上注法尽量一致。尺寸数字应顺着尺寸线方向写并符合视图方向，数字高度方向和尺寸线垂直，并不得被任何图线通过。当无法避免时，应将图线断开，在断开处填写数字。在不致引起误解时，对非水平方向的尺寸，其数字可水平地注写在尺寸线的中断处。角度的数字应注写成水平方向，一般应注写在尺寸线的中断处。尺寸数字的单位除标高和管线长度以米（m）为单位外，其他尺寸均以毫米（mm）为单位。按此原则标注尺寸可不加单位的文字符号。若采用其他单位时，应在尺寸数值后加注计量单位的文字符号，尺寸单位应在图衔相应栏目中填写。

尺寸界线用细实线绘制，由图形的轮廓线、轴线或对称中心线引出，也可利用轮廓线、轴线或对称中心线作为尺寸界线。尺寸界线一般应与尺寸线垂直。

尺寸线的终端，可采用箭头或斜线两种形式，但同一张图中应采用一种尺寸线终端形式，不得混用。具体标注应符合以下要求：

（1）采用箭头形式时，两端应画出尺寸箭头，指到尺寸界线上，表示尺寸的起止。尺寸箭头宜用实心箭头，箭头的大小应按可见轮廓线选定，且其大小在图中应保持一致。

（2）采用斜线形式时，尺寸线与尺寸界线应相互垂直。斜线应用细实线，且方向及长短应保持一致。斜线方向应采用以尺寸线为准，逆时针方向旋转45°，斜线长短约等于尺寸数字的高度。

注：有关建筑尺寸标注，可按GB/T 50104—2010《建筑制图标准》的要求执行。

5. 字体

对于通信工程制图中，图中的文字一般遵循以下要求：

（1）图中书写的文字（包括汉字、字母、数字、代号等）均应字体工整、笔画清晰、排列整齐、间隔均匀。其书写位置应根据图面妥善安排，文字多时宜放在图的下面或右侧。

文字书写应自左向右水平方向书写，标点符号占一个汉字的位置。中文书写时，应采用国家正式颁布的汉字，字体宜采用宋体或仿宋体。

（2）图中的“技术要求”“说明”或“注”等字样，应写在具体文字的左上方，并使用比文字内容大一号的字体书写。具体内容多于一项时，应按下列顺序号排列：

1、2、3、……

（1）、（2）、（3）、……

①、②、③、……

（3）图中所涉及数量的数字，均应用阿拉伯数字表示；计量单位应使用国家颁布的法定计量单位。

6. 图衔

在通信工程图纸中图衔（见图2–3）要求如下：

（1）电信工程图纸应有图衔，图衔的位置应在图面的右下角。

（2）电信工程常用标准图衔为长方形，大小宜为30 mm×180 mm（高×长）。图衔应包括图名、图号、设计单位名称、单位主管、部门主管、总负责人、单项负责人、设计人、审校核人等内容。

部门主管		审核人			
设计负责人		制图人			
单项负责人		单位/比例	mm/1:100		
设计人		日期		图号	

图2–3　一般图衔

7. 图纸编号

图纸编号：为工程计划号、设计阶段代号、专业代号相同的图纸间的区分号，应采用阿拉伯数字简单顺序编制（同一图号的系列图纸用括号内加分数表示）。

设计图纸编号的编排应尽量简洁，应符合以下要求：

（1）设计图纸编号的组成应按图 2–4 所示规则执行。

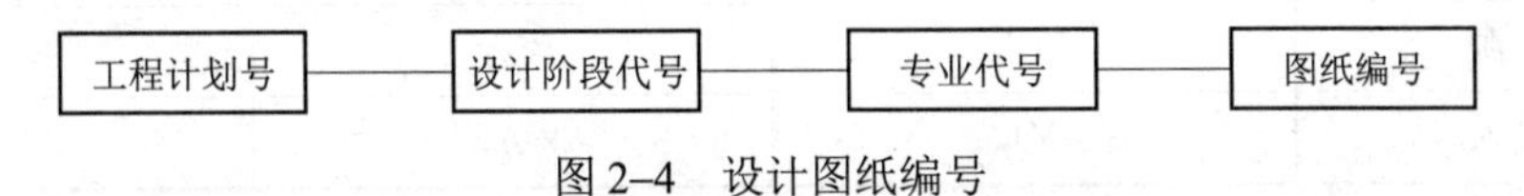

图 2–4　设计图纸编号

同计划号、同设计阶段、同专业而多册出版时，为避免编号重复可按图 2–5 所示规则执行。

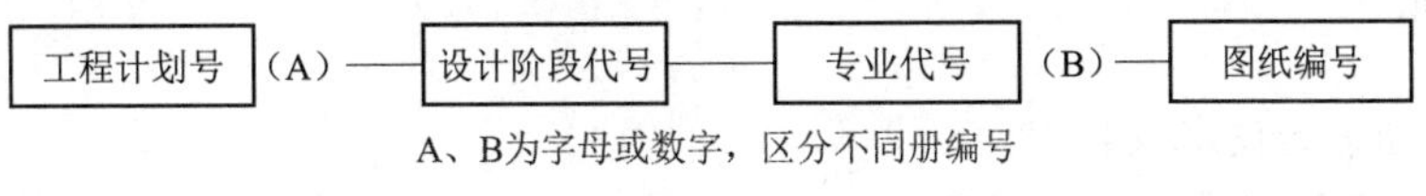

图 2–5　设计图纸编号（避免编号重复）

（2）工程计划号应由设计单位根据工程建设方的任务委托和工程设计管理办法统一给定。

（3）设计阶段代号应符合表 2–3 的要求。

表 2–3　设计阶段代号表

设计阶段	代　号	设计阶段	代　号	设计阶段	代　号
可行性研究	K	初步设计	C	技术设计	J
规划设计	G	方案设计	F	设计投标书	T
勘察报告	KC	初设阶段的技术规范书	CJ	修改设计	在原代号后加 X
咨询	ZX	施工图设计	S		
		一阶段设计	Y		
		竣工图	JG		

（4）常用专业代号，应符合表 2–4 的要求。

表 2–4　常用专业代号表

名　称	代　号	名　称	代　号
光缆线路	GL	电缆线路	DL
海底光缆	HGL	通信管道	GD
传输系统	CS	移动通信	YD
无线接入	WJ	核心网	HX
数据通信	SJ	业务支撑系统	YZ
网管系统	WG	微波通信	WB
卫星通信	WD	铁塔	TT
同步网	TB	信令网	XL

续表

名　称	代　号	名　称	代　号
通信电源	DY	监控	JK
有线接入	YJ	业务网	YW

注：① 用于大型工程中分省、分业务区编制时的区分标识，可采用数字 1、2、3 或拼音字母的字头等。

② 用于区分同一单项工程中不同的设计分册（如不同的站册），宜采用数字（分册号）、站名拼音字头或相应汉字表示。

8. 注释、标志和技术数据

（1）当含义不便于用图示方法表达时，可采用注释。当图中出现多个注释或大段说明性注释时，应把注释按顺序放在边框附近。注释可放在需要说明的对象附近；当注释不在需要说明的对象附近时，应使用指引线（细实线）指向说明对象。

（2）标志和技术数据应该放在图形符号的旁边；当数据很少时，技术数据也可放在图形符号的方框内（如继电器的电阻值）；数据多时可采用分式表示，也可用表格形式列出。

当使用分式表示时，可采用以下模式：

$$N\frac{A-B}{C-D}F$$

其中，N 为设备编号，应靠前或靠上放；A、B、C、D 为不同的标注内容，可增减；F 为敷设方式，应靠后放。

当设计中需要表示本工程前后有变化时，可采用斜杠方式：（原有数）/（设计数）；当设计中需要表示本工程前后有增加时，可采用加号方式：（原有数）+（增加数）。

常用的标注方式见表 2–5，插图中的文字代号应以工程中的实际数据代替。

表 2–5　常用标注方法

序号	标注方式	说　明
01	N P P_1/P_2　P_3/P_4	对直接配线区的标注方式 注：图中的文字符号应以工程数据代替（下同） 其中： N——主干电缆编号，例如：0101 表示 01 电缆上第一个直接配线区； P——主干电缆容量（初设为对数，施设为线序）； P_1——现有局号用户数； P_2——现有专线用户数，当有不需要局号的专线用户时，再用+（对数）表示； P_3——设计局号用户数； P_4——设计专线用户数
02	N （n） P P_1/P_2　P_3/P_4	对交接配线区的标注方式 注：图中的文字符号应以工程数据代替（下同） 其中： N——交接配线区编号，例如：J22001 表示 22 局第一个交接箱配线区； n——交接箱容量，例如：2 400（对）； P_1、P_2、P_3、P_4——含义同 01 注

续表

序号	标注方式	说　明
03	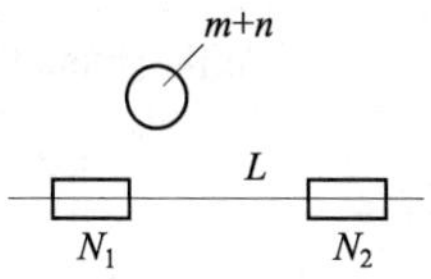 $m+n$ ；L ；N_1 　N_2	对管道扩容的标注 其中： m——原有管孔数，可附加管孔材料符号； n——新增管孔数，可附加管孔材料符号； L——管道长度； N_1、N_2——人孔编号
04	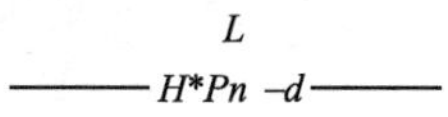 L ；H^*Pn-d	对市话电缆的标注 其中： L——电缆长度；H^*——电缆型号； Pn——电缆百对数；d——电缆芯线线径
05	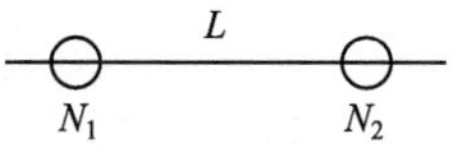 L ；N_1 　N_2	对架空杆路的标注 其中： L——杆路长度； N_1、N_2——起止电杆的编号（可加注杆材类别的代号）
06	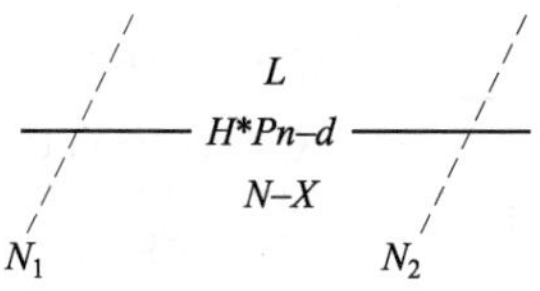 L ；H^*Pn-d ；$N-X$ ；N_1 　N_2	对管道电缆的简化标注 其中： L——电缆长度；H^*——电缆型号； Pn——电缆百对数；d——电缆芯线线径； X——线序； 斜向虚线——人孔的简化画法； N_1、N_2——表示起止人孔号； N——主干电缆编号
07	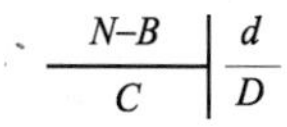 $N-B$ / C ｜ d / D	分线盒的标注方式 其中： N——编号；B——容量； C——线序；d——现有用户数； D——设计用户数
08	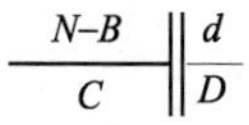 $N-B$ / C ‖ d / D	分线箱标注方式 注：字母含义同 07
09	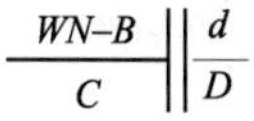 $WN-B$ / C ‖ d / D	壁龛式分线箱标注方式 注：字母含义同 07

（3）在电信工程设计中，由于文件名称和图纸编号多已明确，在项目代号和文字标注方面可适当简化，推荐如下：

① 平面布置图中可主要使用位置代号或用顺序号加表格说明。

② 系统方框图中可使用图形符号或用方框加文字符号来表示，必要时也可二者兼用。

③ 接线图应符合 GB/T 6988.1—2008《电气技术用文件的编制　第一部分：规则》的规定。

（4）对安装方式的标注应符合表 2–6 的要求。

表 2–6　安装方式的标注

序号	代号	安装方式	英文说明
1	W	壁装式	Wall mounted type
2	C	吸顶式	Ceiling mounted type
3	R	嵌入式	Recessed type
4	DS	吊管式	Conduit Suspension type

（5）敷设部位的标注应符合表 2–7 的要求。

表 2–7　敷设部位的标注

序号	代号	安装方式	英文说明
1	M	钢索敷设	supported by Messenger wire
2	AB	沿梁或跨梁敷设	Along or across Beam
3	AC	沿柱或跨柱敷设	Along or across Column
4	WS	沿墙面敷设	on Wall Surface
5	CE	沿天棚面顶板面敷设	along Ceiling or slab
6	SC	吊顶内敷设	in hollow Spaces of Ceiling
7	BC	暗敷设在梁内	Concealed in Beam
8	CLC	暗敷设在柱内	Concealed in Column
9	BW	墙内埋设	Burial in Wall
10	F	地板或地板下敷设	in Floor
11	CC	暗敷设在屋面或顶板内	in Ceiling or slab

三、图形符号的使用

1. 图形符号的使用规则

（1）对同一项目给出几种形式时，选用应遵循以下规则：

① 优先使用“优选形式”。

② 在满足需要的前提下，宜选用最简单的形式（例如“一般符号”）。

③ 在同一种图纸上应使用同一种形式。

（2）对同一项目宜采用同样大小的图形符号；特殊情况下，为了强调某方面或便于补充信息，可使用不同大小的符号和不同粗细的线条。

（3）绝大多数图形符号的取向是任意的，为了避免导线的弯折或交叉，在不引起错误理解的前提下，可将符号旋转或取镜像形态，但文字和指示方向不得倒置。

（4）本规定中图形符号的引线是作为示例绘制的，在不改变符号含义的前提下，引线可取不同的方向。

（5）为了保持图面符号布置均匀，围框线可不规则绘制，但是围框线不应与元器件相交。

2. 图形符号的派生

（1）本规定只给出了图形符号有限的示例，允许根据已规定的符号组图规律进行派生。

（2）派生图形符号，是利用原有符号加工形成的新图形符号，应遵循以下规律：

①（符号要素）+（限定符号）→（设备的一般符号）。

②（一般符号）+（限定符号）→（特定设备的符号）。

③ 利用 2～3 个简单符号→（特定设备的符号）。

④ 一般符号缩小后可作限定符号使用。

3. 急需的个别符号

对急需的个别符号，可暂时使用方框中加注文字符号的方式。

单元 3　图纸绘制要求

内容导入

在通信工程设计时，对于不同类型的工程，其图纸的具体要求是不一样的，如何绘制出符合要求的工程图纸？本单元将介绍绘制不同类型工程图纸的具体要求以及在设计图纸过程中的常见问题。

单元目标

（1）明确不同类型工程图纸的具体要求；

（2）避免设计图纸常见问题。

知识内容

一、绘制通信工程图纸的一般要求

（1）所有类型的图纸除勘察草图以外必须采用 AutoCAD 软件按比例绘制。

（2）严禁采用非标准图框绘图和出图，建议尽量采用 A3、A4 标准图框。

（3）每张图纸必须有指北针指示正北方向。

（4）每张图纸外应插入标准图框和图衔，并根据要求在图衔中加注单位比例、设计阶段、日期、图名、图号等。

（5）图纸整体布局要协调、清晰美观。

（6）图纸应标注清晰、完整，图与图之间连贯，当一张图纸上画不下一幅完整图时，需有接图符号。

（7）对一个工程项目下的所有图纸应按要求编号，相邻图纸编号应相连。

二、绘制通信工程图纸的具体要求

1. 绘制勘察草图的要求

（1）绘制草图时尽可能地按照比例记录。

（2）图中要标明线路经过的村、镇名称，如果经过住户，需要标明门牌号。

（3）对 50 m 以内明显标志物要标注清楚。

（4）管线所经过的交越线路、庄稼地、经济作物用地等要标注清楚。

（5）草图要标注清楚标桩的位置、障碍的位置和处理方式（应记录障碍断面）、管道离路的距离、路的走向和名称、正北方向和转角、周围的大型参照物以及其他杆路、地下管线、电力线路。

（6）桩号编写原则为：编号以每个段落的起点为 0，按顺时针方向排列。测量以及编号应当以交换局方向为起点。

2. 绘制直埋线路施工图的要求

（1）绘制线路图要注重通信路由与周围参照物之间的统一性和整体性。

（2）如需要反应工程量，要在图纸中绘制工程量表。

（3）埋式光缆线路施工图应以路由为主，将路由长度和穿越的障碍物绘入图中。路由 50 m 以内的地形、地物要详绘，50 m 以外要重点绘出与车站、村庄等的距离。

（4）光（电）缆线路穿越河流、铁道、公路、沟坎时，应在图纸上绘出所采取的各项防护加固措施。

（5）通常直埋线路施工图按 1:2 000 的比例绘制，并按比例补充绘入地形地物。

3. 绘制架空杆路图的要求

（1）架空线路施工图需按 1:2 000 比例绘制。

（2）在图上绘出杆路路由、拉线方向，标出实地量取的杆距、每根电杆的杆高。

（3）绘出路由两侧 50 m 范围内参照物的相对位置示意图，并标出乡镇村庄、河流、道路、建筑设施、街道、参照物等的名称及道路，以及光（电）缆线路的大致方向。

（4）必须在图中反映出与其他通信运营商杆线交越或平行接近情况，并标注接近处线路间的隔距及电杆杆号。

（5）注明各段路由的土质及地形，如山地、旱地、水田等。

（6）线路的各种保护盒处理措施、长度数量必须在图纸中明确标注。特殊地段必须加以文字说明。

4. 绘制通信管道施工图的要求

（1）绘出道路纵向断面图，并标出道路纵向上主要地面和地下建筑设施及相互之间的距离。

（2）绘出管道路由图，标出人孔、手孔位置和人孔编号、管道段长，人孔、手孔位置需标清三角定标距离和参照物。

（3）绘出管道两侧 50 m 内固定建筑设施的示意图，并标出路名、建筑设施名称等。

（4）在图上标明各段路面的程式、土质类别。

（5）新建通信管道设计图纸比例横向为 1:500，纵向为 1:50。

5. 绘制机房平面图的要求

（1）要求图纸的字高、标注、线宽应统一。

（2）机房平面图中墙的厚度规定为 240 mm。

（3）平面图中必须标有“××层机房”字样。

（4）画平面图时应先画出机房的总体结构，如墙壁、门、窗等，并标注尺寸。

（5）图中必须有主设备尺寸以及主设备到墙的尺寸。

注：画机房设备时图线的选取，新建设备用粗实线表示，原有设备用细实线表示，改造、扩容设备用粗虚线表示。

（6）画出机房走线架的位置并标明尺寸大小。

（7）画出从线缆进线洞至综合配线架间光（电）缆的走向。

（8）机房平面图中需要添加设备表、添加机房图例及说明，用以说明本次工程情况、配套设备的位置、机房楼层及梁下净高等。

三、设计图纸过程中的常见问题

在绘制通信工程图纸过程中，根据以往的经验，常会出现以下问题，下面总结出来，以便借鉴。

（1）图纸说明中序号会排列错误。

（2）图纸说明中缺标点符号。

（3）图纸中出现尺寸标注字体不统一或标注太小。

（4）图纸中缺少指北针。

（5）平面图或设备走线图在图衔中缺少单位 mm。

（6）图衔中图号与整个工程编号不一致。

（7）出设计时前后图纸编号顺序有问题。

（8）出设计时图衔中图名与目录不一致。

（9）出设计时图纸内容中内容颜色有深浅。

小结

（1）工程图纸就是使用图形符号、制图标准或有关规定，按不同专业的要求将工程对象画在一个平面上表达出来。

（2）工程制图应根据表述对象的性质，论述的目的与内容，选取适宜的图纸及表达手段，以便完整地表述主题内容。当几种手段均可达到目的的时候，应采用简单的方式。

（3）通信工程制图就是将图形符号、文字符号按不同专业的要求画在一个平面上，使工程施工技术人员通过阅读图纸就能够了解工程规模、工程内容，统计出工程量及编制工程概预算。

（4）图例是用来表示设计意图的符号。通信工程制图中通用图例包括限定符号、器件符号与地图符号。

（5）通信线路工程常用图例包括通信管道符号、光（电）缆敷设符号、通信杆路符号、综合布线符号、有线通信局站符号和无线通信台（站）符号。

（6）通信设备工程常用图例包括机房设备符号、交换系统符号、数据通信符号、天线符号、无线电传输符号、有线传输符号、载波与数字通信符号、光通信符号、机房配线与电气照明符号和通信电源符号等。

（7）其他常用图例学习。

（8）绘制的工程图样是由图线组成的，为了表达工程图样的不同内容，并能够分清主次，须使用不同的线型和线宽的图线。

（9）对平面布置图、线路图和区域规划性质的图纸，推荐的比例为 1:10、1:20、1:50、1:100、1:200、1:500、1:1 000、1:2 000、1:5 000、1:10 000、1:50 000 等，各专业应按照相关规范要求选用适合的比例。

（10）一个完整的尺寸标注应由尺寸数字、尺寸界线、尺寸线及其终端等组成。

（11）图中书写的文字（包括汉字、字母、数字、代号等）均应字体工整、笔画清晰、排列整齐、间隔均匀。其书写位置应根据图面妥善安排，文字多时宜放在图的下面或右侧。

（12）电信工程常用标准图衔为长方形，大小宜为 30 mm×180 mm（高×长）。图衔应包括图名、图号、设计单位名称、单位主管、部门主管、总负责人、单项负责人、设计人、审校核人等内容。

（13）绘制通信工程图纸的一般要求。

（14）注意设计图纸过程中的常见问题。

技能训练

1. 训练内容

（1）根据表 2–8 中给出的内容，画出对应的符号。

表 2–8　图例表 1

序　　号	名　　称	符　　号
1	保护接地	
2	一般公路	
3	局前人孔	
4	光缆	
5	单方拉线	
6	室内走线架	
7	保护线	
8	避雷器	

（2）根据表 2–9 中的符号，填写相应的名称。

表 2–9　图例表 2

序　　号	符　　号	名　　称
1		
2	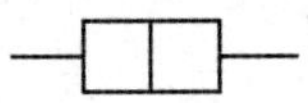	
3	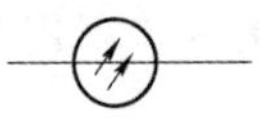	

续表

序　　号	符　　号	名　　称
4		
5	 BBU	
6	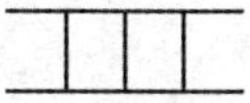	
7		
8	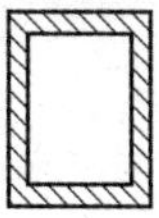	

2. 训练目的

（1）能够绘制常用的通信工程制图符号。

（2）认识常用的通信工程制图符号。

3. 训练要求

（1）能够绘制常用的通信工程制图符号。

（2）能够认识常用的通信工程制图符号。

模块3 AutoCAD 2010 基础

CAD 制图简介
AutoCAD 2010 安装
AutoCAD 2010 基本界面
AutoCAD 2010 二维草图与注释空间

单元1　AutoCAD 2010 的安装与使用

内容导入

由于软硬件性能的提高、完善，以及 CAD（计算机辅助设计）技术的突出优点，使得 CAD 迅速在全国普及，大大推动了设计业的发展，也成了通信工程制图工具的首选。本单元介绍 AutoCAD 2010 软件的安装及使用要点。

单元目标

（1）学会安装 AutoCAD 2010 软件；
（2）初步了解 AutoCAD 2010 软件的使用。

知识内容

一、电子工程制图的优势

CAD 技术的主要优点如下：

1. 劳动强度降低，图面清洁

手绘绘图时，工作人员常常手里拿着几只不同粗细的墨笔、丁字尺、三角板、曲线板等工具不停地在手里更换，而且一旦画错，修改非常费事，甚至需要从头来，图面修修补补显得脏乱。用 CAD 绘图则可以做你想做的任何事情。它有统一的线型库、字体库，图面整洁统一。CAD 软件所提供的 UNDO 功能让你不必担心画错，它可以使你返回到你画错之前的那一步。你更可以在计算机系统后台运行软件，并行工作。

2. 设计工作的高效及设计成果的重复利用

CAD 之所以高效，因其最伟大的功能之一："COPY"。一些相近、相似的工程设计，图纸只要简单修改一下就行了，或者直接套用，而你只需按几下键盘、鼠标。CAD 软件提供丰富的分类图库、通用详图，设计师需要时可以直接调入。重复工作越多，这种优势越明显。结构计算很高效，例如一个普通的框架结构，以往手工计算需要一个星期左右时间，而用 CAD 快的一天就可以完成。

3. 精度提高

通信图纸设计的精度有时会标注到毫米，结构计算的精度也不是很高，施工时的精度更低，但对于一些特型或规模大、复杂的结构离开了 CAD 困难将成倍增长。

4. 资料保管方便

CAD 软件制作的图形、图像文件可以直接存储在软盘、硬盘上，资料的保管、调用极为方便。你可以将设计项目刻录成光盘，数据至少可以保存 50 年。你可以将以前的图纸通过扫描仪，数字化仪输入计算机，避免资料因受潮、虫蛀以及破坏性查阅造成的不必要损失。资料的管理更有科学性，只要一台计算机就可以管理得井井有条，资料室也将告别成排的资料柜，因为一个院所从成立到现在所有的资料几张光盘就装下了。

5. 设计理念的改变

CAD 的智能化将部分取代设计师的一些设计工作，而 CAD 对设计的标准化、产业化起着巨大的推动作用。随着信息技术、网络技术的发展，跨地区合作设计，异地招投标、设计评审也将普及。在第一时间接受科技信息，与世界同步。通过一根电话线"在家工作"将成为可能。

二、软件安装与使用

通过 AutoCAD 2010 软件，用户可轻易解决最具挑战性的问题。使用自由曲面设计工具，几乎可以创建任何形状。许多重要的功能已经自动化，使你的工作更有效，并且转移到三维设计更为顺畅。对于 PDF 性能的多项升级和惊人的三维打印增强，使与同事共享和共同工作项目从未如此简单。这些功能以及用户以前所要求的无数其他新功能，AutoCAD 2010 让任何想法以及将其转化为现实的过程将比以往更快。

1. 初始化安装

使用初始化安装来轻松定制 AutoCAD 环境以满足使用需要，这个界面出现在第一次启动 AutoCAD 时。通过初始化安装，可选择行业，以及工作空间和图形模板参数。在初始化安装中的选择将影响各种 AutoCAD 功能的默认设置，包括图形模板、Autodesk®搜寻过滤器、Autodesk 开发者网络合作伙伴、统一的门户网站在线体验以及工作空间。

也可从选项对话框中用户界面选项卡中访问初始化安装。

2. 工作空间

当指定初始化安装选项后，AutoCAD 将基于选定的项目自动创建一新的工作空间并将其置为当前。当前工作空间的名称显示在状态栏的工作空间切换开关图标处，可选择它来访问工作空间菜单。

3. 应用程序菜单

应用程序菜单位于 AutoCAD 界面的左上角。通过改善的应用程序菜单能更方便地访问公用工具。可创建、打开、保存、打印和发布 AutoCAD 文件、将当前图形作为电子邮件附件发送、制作电子传送集。此外，还可执行图形维护，例如查核和清理，并关闭图形。

在应用程序菜单的上面有一搜索工具，可以查询快速访问工具、应用程序菜单以及当前加载的功能区以定位命令、功能区面板名称和其他功能区控件。

应用程序菜单上面的按钮提供轻松访问最近或打开的文档，在最近文档列表中有一新的选项，除了可按大小、类型和规则列表排序外，还可按照日期排序。

4. 功能区

功能区已经升级，它提供了更为灵活、简便的访问工具的方法，并与 Autodesk 的应用程序保持良好的一致性。

可将功能区面板拖动到功能区外将其作为可停靠式面板显示。可停靠式面板甚至在选定了其他的选项卡后还会一直显示，除非已经选择了“将面板返回功能区”的选项后它才会消失。

垂直功能区，即功能区不停靠在水平位置的显示方式，已经更新到可将选项卡名称显示在侧面。默认情况下显示面板标题，那些额外的工具包含在滑出式面板中。当重新调整垂直功能区时，按钮将自动移动到下一位置或下一行，对于有些元素，例如滑动条，将自动缩短或加长。

如果在 AutoCAD 2008 中自定义工具选项板，则可使用自定义用户界面（CUI）编辑器中的“迁移”选项卡轻易地将自定义的工具选项板面板转移成新的功能区面板。新转换的面板将以工具选项板面板的形式显示在同一 CUIx 文件中的功能区面板节点的下面。在转换后，可添加新的面板到选项卡中或将其迁移到其他的 CUIx 文件中去。

在 AutoCAD 2010 中，增强的功能区功能可让用户自定义上下文关联的功能选项卡状态，可基于图形窗口中选定的对象类型或激活的命令来控制显示的功能区选项卡和面板。也可显示一个已经指定了功能区上下文关联状态的功能区显示卡，这个功能区选项卡可以上到自身的选项卡，也可以使面板合并到当前工作空间中的每一功能区选项卡中。要添加功能区选项卡，可在自定义对话框中将其从面板的选项卡节点拖动到上下文关联选项卡状态中。

例如，如果想让“常用”选项卡在选定了圆弧对象后成为激活状态，则将“常用–2D”功能区选项卡拖动到上下文关联选项卡状态下面的圆弧选定节点中。选择它并修改它的显示类型以指出它显示自身的选项卡或合并到每个功能区选项卡。

5. 快速访问工具栏

快速访问工具栏已经增强，它带有更多的功能并与其他的 Windows®应用程序保持一致性。放弃和重做工具包括了历史支持，右键菜单包括了新的选项，从而可轻易从工具栏中移除工具、在工具间添加分隔条，以及将快速访问工具栏显示在功能区的上面或下面。

除了右键菜单外，快速访问工具栏还包含了一个新的弹出菜单，该菜单显示一常用工具列表，可选定并置于快速访问工具栏内。弹出菜单提供了轻松访问额外工具的方法，它使用了 CUI 编辑器中的命令列表面板。其他选项使你可显示菜单栏或在功能区下面显示快速访问工具栏。

以后使用者也可以使用在 CUI 编辑器中的新的快速访问工具栏节点中自定义快速访问工具栏，创建多个版本的快速访问工具栏并将其添加到合适的工作空间中去。

6. 新功能专题研习

新功能专题研习更新包括了 AutoCAD 2010 的功能介绍。这个交互式的学习工具帮助使用者用最少的时间认识最新的功能。使用者可在帮助按钮右边的信息中心工具栏的下拉菜单中访问新功能专题研习。

单元 2　认识 AutoCAD 2010 软件界面

内容导入

AutoCAD 2010 为用户提供了 4 个工作空间，分别提供给用户专门的、面向任务的绘图环境。使用时，只会显示与任务相关的菜单栏、工具栏和功能区控制面板等。本单元将以“二维草图与注释”工作空间为例，介绍 AutoCAD 2010 软件界面。

单元目标

（1）熟悉 AutoCAD 2010 软件的工作空间；

（2）掌握“二维草图与注释”工作空间的软件界面。

知识内容

AutoCAD 2010 为用户提供了“初始设置工作空间”“AutoCAD 经典”、“三维建模”和“二维草图与注释”4 个工作空间。如图 3–1 所示。

如果要绘制二维草图，用户可以选用“二维草图与注释”工作空间或“AutoCAD 经典”工作空间。其中“AutoCAD 经典”工作空间通常适用于使用过 AutoCAD 较旧版本的用户使用。如果要进行三维模型设计，用户可以选用“三维建模”工作空间。

这里以“二维草图与注释”工作空间为例，介绍 AutoCAD 2010 软件界面。

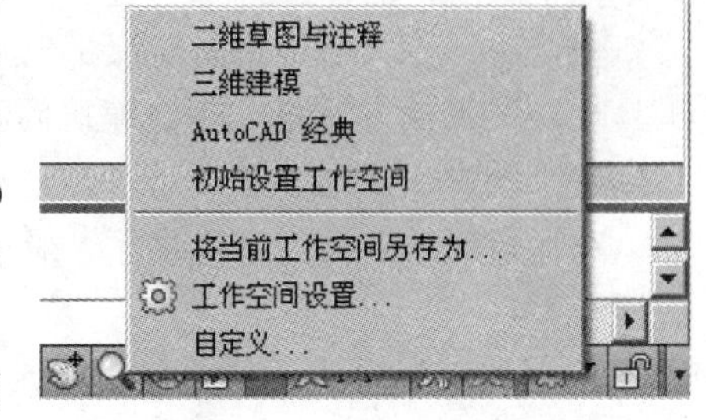

图 3–1　工作空间设置

AutoCAD 2010 软件界面主要由标题栏、菜单栏、工具栏、绘图窗口、命令行及状态栏等组成，如图 3–2 所示。用户也可以自定义界面。

1. 标题栏与快速访问工具栏

标题栏位于窗口的最上面，用于显示当前正在运行的程序及文件名等信息，如图 3–3 所示。

如果是 AutoCAD 默认的图形文件，其名称为 DrawingN.dwg（*N* 为 1，2，3…）。

标题栏的左侧区域嵌入一个快速访问工具栏，如图 3–4 所示。

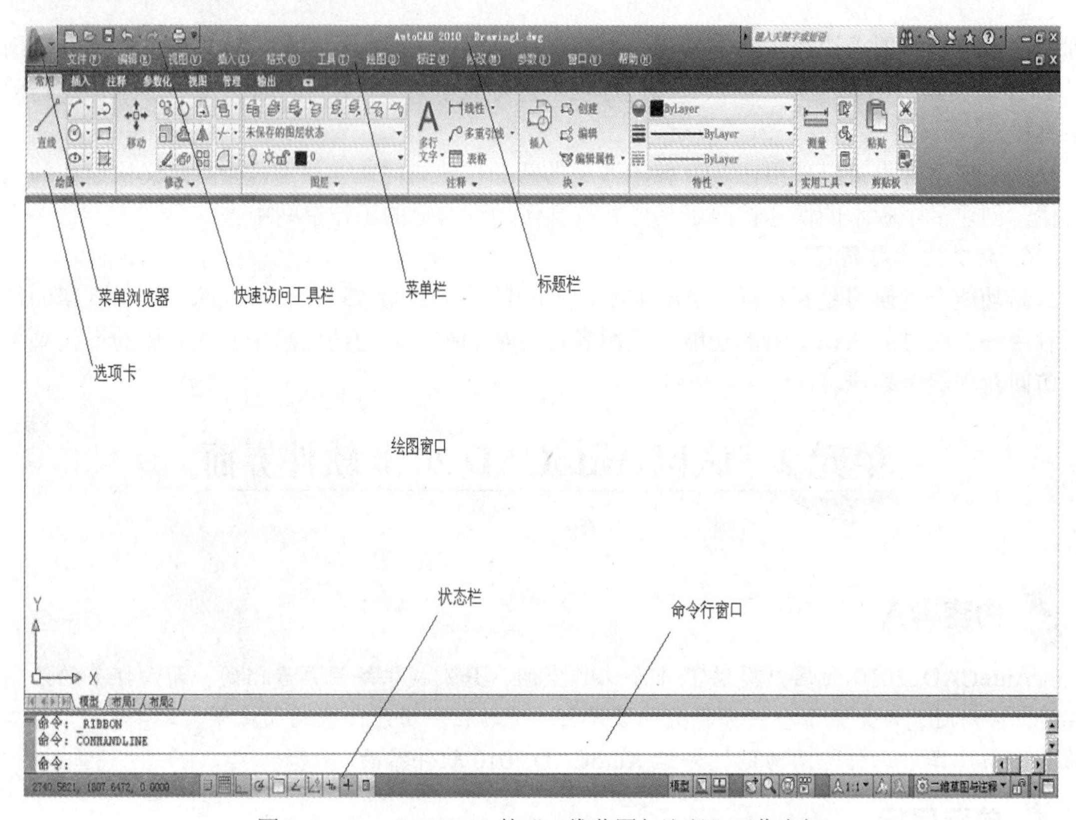

图 3–2 AutoCAD 2010 的“二维草图与注释”工作空间

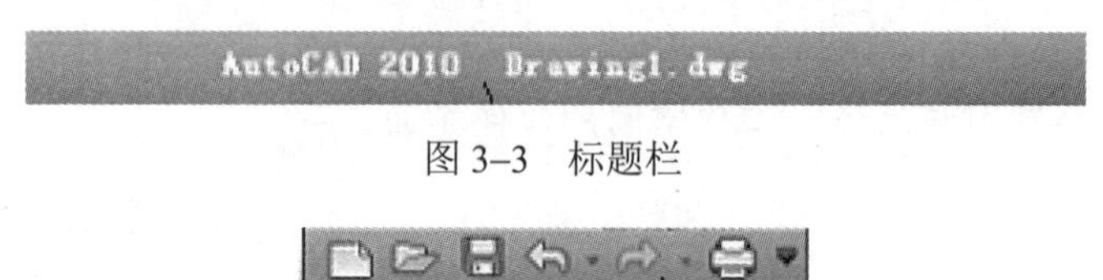

图 3–3 标题栏

图 3–4 快速访问工具栏

快速访问工具栏提供对定义的常用命令集的直接访问工具。用户可以自己定义快速访问工具栏，其操作方法是：在快速访问工具栏中单击按钮，从打开的下拉菜单中选择所需的命令进行设置，如图 3–5 所示。

在标题栏的右侧部位提供了“最小化”按钮，“恢复窗口大小”按钮，和“关闭”按钮。

2. 菜单浏览器和菜单栏

在 AutoCAD 2010 左上角有个“菜单浏览器”按钮，单击此按钮可打开如图 3–6 所示的应用程序菜单。从中可搜索命令以及访问用于创建、打开、关闭和发布文件的工具命令等。在菜单浏览器中，可使用“最近使用的文档”列表来查看最近使用的文件。另外，菜单浏览器支持对命令实时搜索，搜索字段显示在应用程序菜单的顶部区域，搜索结果可以包括菜单命令、基本工具提示和命令提示文字字符串。使用菜单浏览器搜索命令典型示例如图 3–7 所示，在顶部区域的搜索框里输入要搜索的字符，例如“zoom”，则会显示相应的搜索结果（包括最佳匹配项和相关结果）。

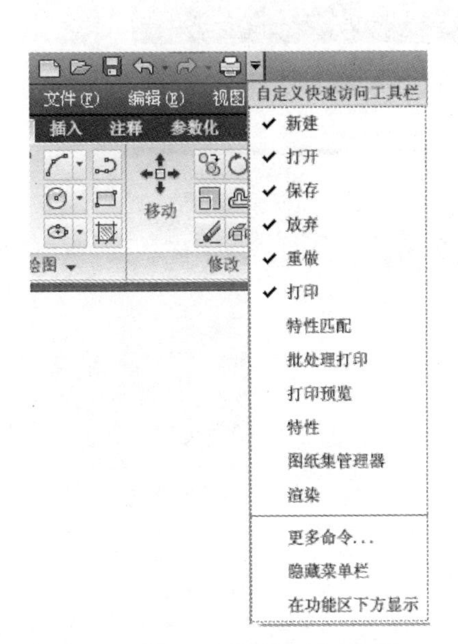

图 3–5 自定义快速访问工具栏

图 3–6 菜单浏览器

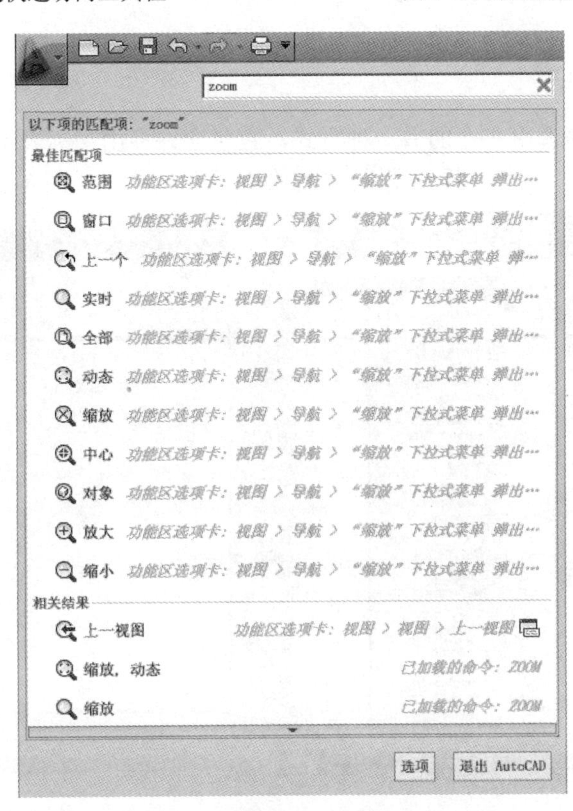

图 3–7 菜单浏览器搜索示例

菜单栏囊括了 AutoCAD 中几乎所有的功能和命令，以【文件】菜单为例，如图 3–8 所示。可以看出，在【文件】菜单中，包括了新建、新建图纸集、打开、打开图纸集、加载标记集和关闭等多个功能和命令。

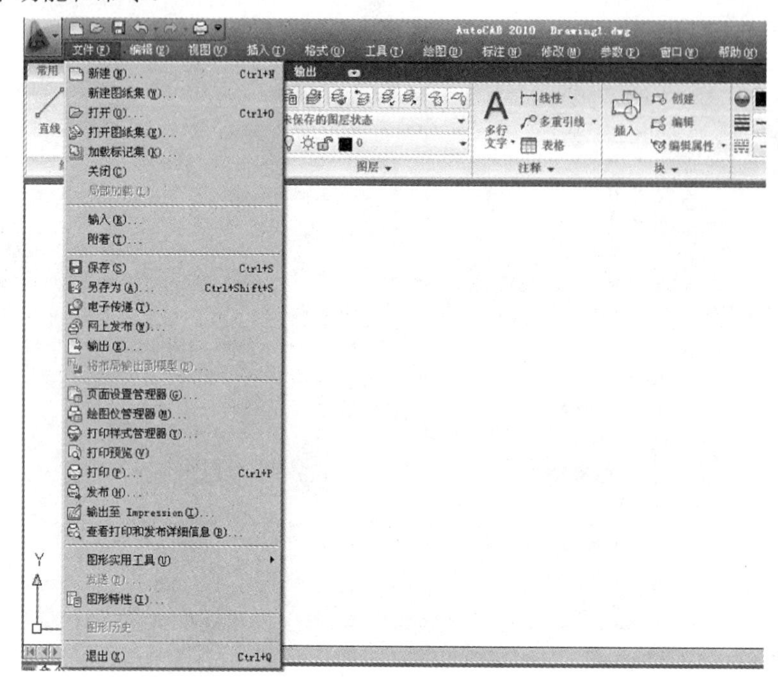

图 3–8　菜单栏

3. 工具栏

工具栏是应用程序调用命令的另一种方式，它包含许多由图标表示的命令按钮。AutoCAD 2010 中，系统共提供了 40 个已命名的工具栏，如图 3–9 所示。

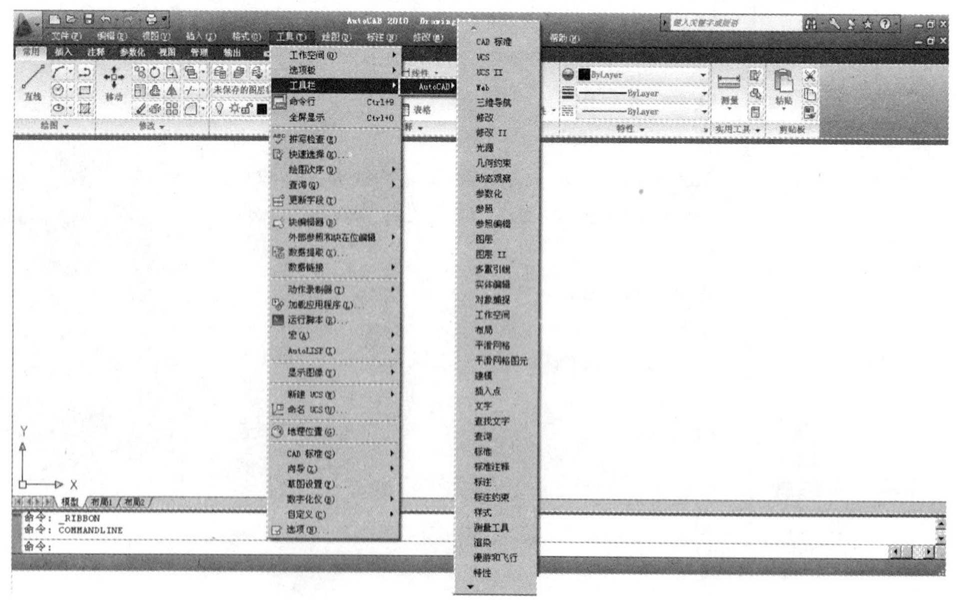

图 3–9　工具栏

默认情况下，【标准】、【工作空间】、【属性】、【绘图】和【修改】等工具栏处于打开状态。将鼠标选中某一按钮，即调出相应的工具栏。图 3–10 为【图层】工具栏。

图 3–10 【图层】工具栏

工具栏的位置可以自由移动。

用户可以根据需要打开或关闭工具栏。在任何一个工具栏上右击或在菜单栏上选择，从弹出的快捷菜单中也可以进行工具栏的开启和关闭。

4. 绘图窗口

绘图窗口是用户绘图的工作区域，所有的绘图结果都反映在这个窗口中。用户可以根据需要关闭其周围和里面的各个工具栏，以增大绘图空间。如果图纸比较大，需要查看未显示部分时，可以单击窗口右边与下边滚动条上的箭头，或拖动滚动条上的滑块来移动图纸。

在绘图窗口中除了显示当前的绘图结果外，还显示了当前使用的坐标系类型及坐标原点，*X*、*Y*、*Z* 轴的方向等。默认情况下，坐标系为世界坐标系（WCS），如图 3–11 所示。

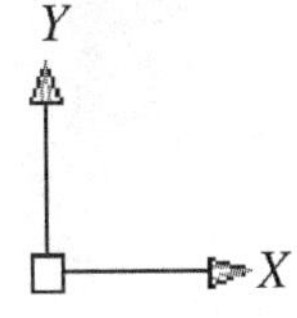

图 3–11 世界坐标系

绘图窗口的下方有【模型】和【布局】选项卡，单击它们可以在模型空间或图纸空间之间来回切换。

选择【工具】→【选项】命令，弹出【选项】对话框，其中的【显示】菜单如图 3–12 所示。

绘图窗口的默认颜色为淡黄色，可以根据用户要求更改窗口的颜色，如图 3–13 所示。

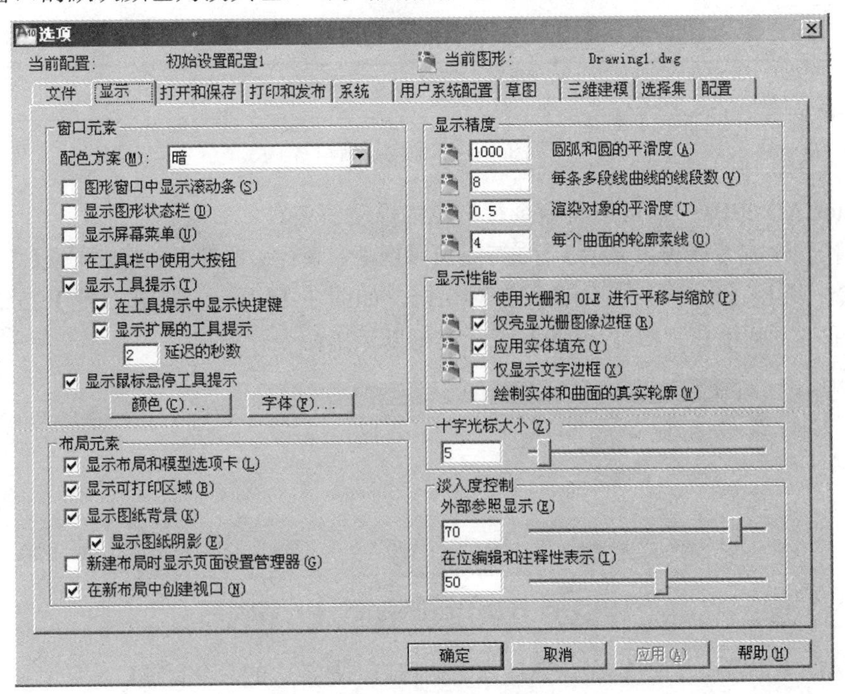

图 3–12 【选项】对话框

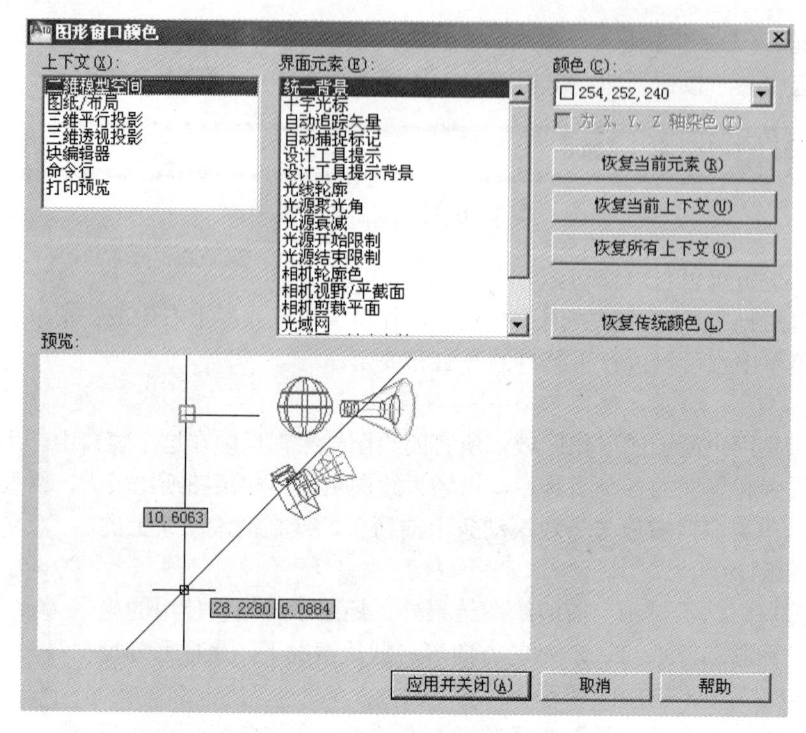

图 3–13 【图形窗口颜色】对话框

也可以在【选项】对话框中设置光标大小、显示精度等。

5. 命令行

命令行位于绘图窗口的底部，用于接受用户输入的命令，并显示 AutoCAD 提示信息。如图 3–14 所示。

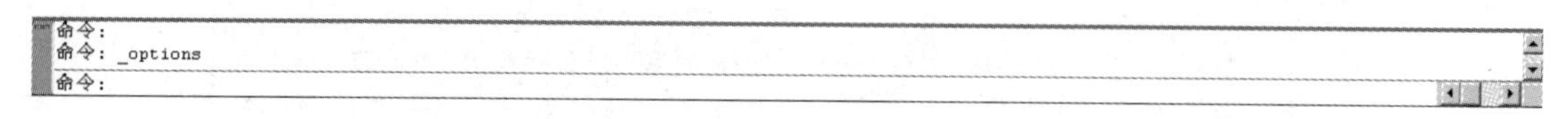

图 3–14 命令行窗口

在 AutoCAD 2010 中，可以将命令行拖放为浮动窗口。

默认情况下，命令行窗口显示 3 行文字，可以拖动命令行边框进行调整。选择【工具】→【命令行】命令，弹出【命令行–关闭窗口】对话框，如图 3–15 所示。单击【是】按钮，即可关闭命令行窗口，使用【CTRL】+【9】组合键可以调出命令行窗口。

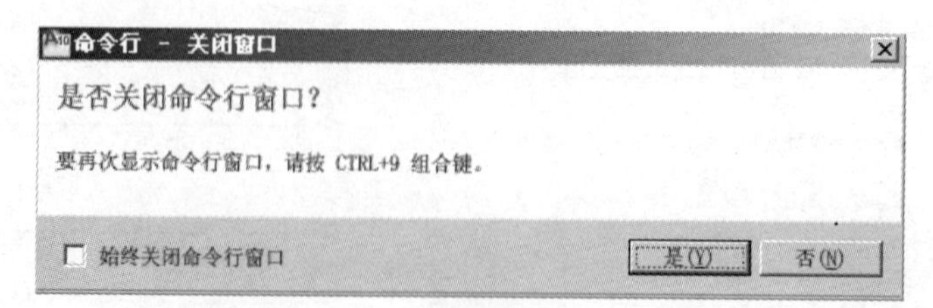

图 3–15 【命令行–关闭窗口】对话框

AutoCAD 文本窗口是记录 AutoCAD 命令的窗口，是放大的命令行窗口，它记录了用户已执行的命令，也可以用来输入新命令。在 AutoCAD 2010 中，用户可以选择【视图】→【显示】→

【文本窗口】命令、执行 TEXTSCR 命令或按【F2】键来打开它，如图 3-16 所示。

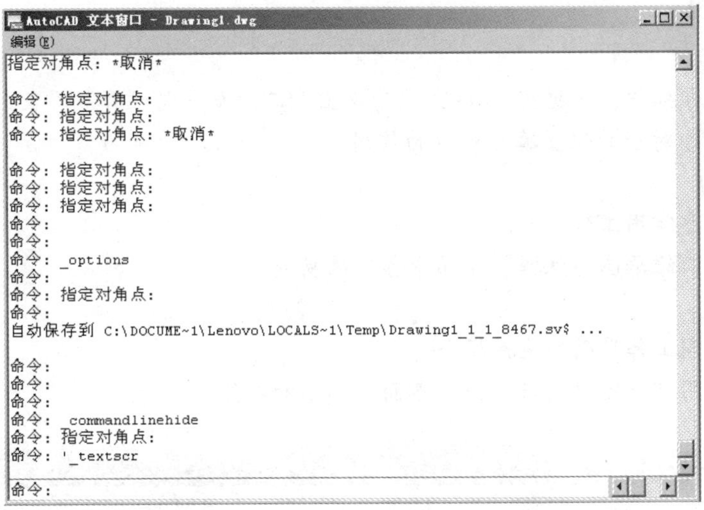

```
AutoCAD 文本窗口 - Drawing1.dwg
编辑(E)
指定对角点: *取消*

命令: 指定对角点:
命令: 指定对角点:
命令: 指定对角点: *取消*

命令: 指定对角点:
命令: 指定对角点:
命令: 指定对角点:
命令:
命令:
命令: _options
命令:
命令: 指定对角点:
命令:
自动保存到 C:\DOCUME~1\Lenovo\LOCALS~1\Temp\Drawing1_1_1_8467.sv$ ...

命令:
命令:
命令:
命令: _commandlinehide
命令: 指定对角点:
命令: '_textscr
命令:
```

图 3-16 【AutoCAD 文本窗口】对话框

6. 状态栏

状态栏位于程序界面的底部，用来显示 AutoCAD 当前的状态，如当前的坐标、命令和功能按钮的帮助说明等，如图 3-17 所示。

2207.4379, 1374.8167, 0.0000　模型　A1:1　二维草图与注释

图 3-17　状态栏

状态栏最左边的数据是光标的坐标数值，其余按钮从左到右分别表示当前是否启动【捕捉模式】、【栅格显示】、【正交模式】、【极轴追踪】、【对象捕捉】、【对象捕捉追踪】、【运行/禁止动态 DUCS】、【动态输入】、【显示/隐藏线宽】和【快捷特性】等。

小结

（1）CAD 技术的主要优点有：劳动强度降低，图面清洁；设计工作的高效及设计成果的重复利用；精度提高；资料保管方便；设计理念的改变。

（2）AutoCAD 2010 为用户提供了“初始设置工作空间”“AutoCAD 经典”“三维建模”和“二维草图与注释”4 个工作空间。

（3）标题栏位于窗口的最上面，用于显示当前正在运行的程序及文件名等信息。

（4）工具栏是应用程序调用命令的另一种方式，它包含许多由图标表示的命令按钮。

（5）绘图窗口是用户绘图的工作区域，所有的绘图结果都反映在这个窗口中。用户可以根据需要关闭其周围和里面的各个工具栏，以增大绘图空间。如果图纸比较大，需要查看未显示部分时，可以单击窗口右边与下边滚动条上的箭头，或拖动滚动条上的滑块来移动图纸。

（6）命令行位于绘图窗口的底部，用于接受用户输入的命令，并显示 AutoCAD 2010 提示信息。

（7）状态栏位于程序界面的底部，用来显示 AutoCAD 2010 当前的状态，如当前的坐标、命令和功能按钮的帮助说明等。

技能训练

1. 训练内容

（1）通过所学知识，根据图 3–18，试着说出“二维草图与注释”界面的组成。

（2）在表 3–1 对应的位置填写对应的作用。

2. 训练目的

（1）能够熟悉常用工作界面。

（2）知道“二维草图与注释”界面中各项的功能。

3. 训练要求

（1）知道不同工作界面的应用场合。

（2）能够应用“二维草图与注释”界面中各项的功能。

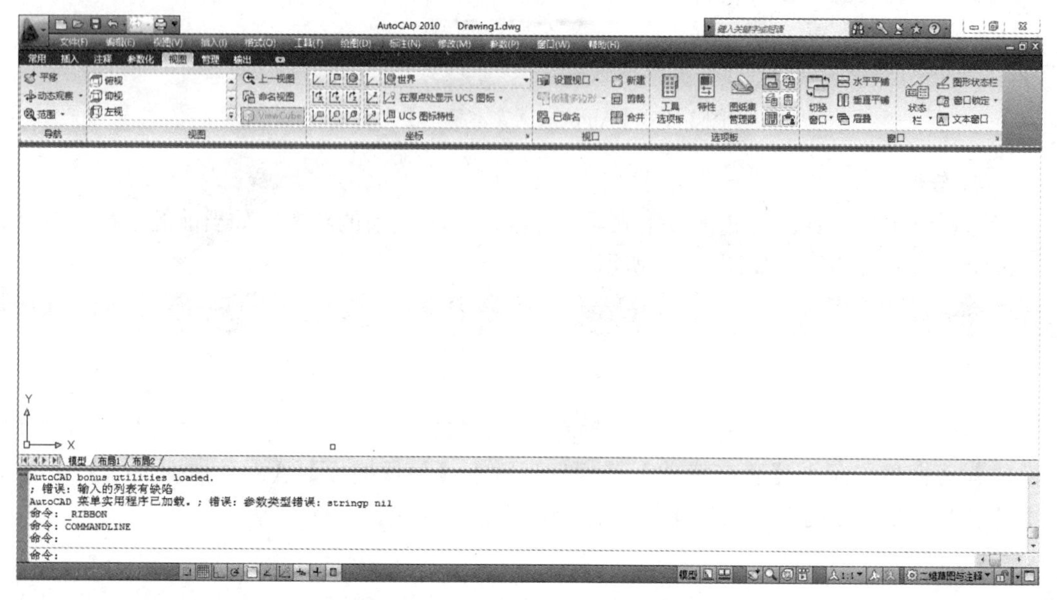

图 3–18 “二维草图与注释”界面

表 3–1 “二维草图与注释”界面的组成及其功能

序号	界面组成部分	功能与作用
1	菜单浏览器	
2	快速访问工具栏	
3	菜单栏	
4	标题栏	
5	选项卡	
6	绘图窗口	
7	状态栏	
8	命令行窗口	

模块4 制图准备

内容导读

AutoCAD 2010 图形文件管理
栅格、捕捉等绘图辅助工具的使用
图层新建与修改

单元1　图形文件管理与设置

内容导入

AutoCAD 2010 软件具有灵活的文件管理功能，同时绘图用户可以使用系统默认的绘图环境进行设置，也可以根据个人习惯及具体绘图需求进行设置，视图也可以根据用户需要进行操作。本单元介绍 AutoCAD 2010 的文件管理、命令操作、绘图设置、视图操作及图形输出设置。

单元目标

（1）掌握文件管理方法；
（2）掌握不同的命令操作；
（3）掌握绘图环境设置；
（4）掌握视图操作；
（5）掌握图形输出设置。

知识内容

一、文件管理

1. 新建文件

在 AutoCAD 2010 中，创建新图形文件有以下 3 种方法。

（1）命令栏。

完整命令：NEW；快捷命令：【CTRL】+【N】。

（2）菜单栏。

在菜单栏中选择【文件】→【新建】命令。

（3）访问工具栏。

在快速访问工具栏（如图 4–1 所示）中单击【新建】按钮。

图 4–1　快速访问工具栏

执行【新建】命令后，会弹出【选择样板】对话框，如图 4–2 所示。选择对应的样板后，单击【打开】按钮，即可建立新的图形。

图 4–2　【选择样板】对话框

2. 打开已有文件

在 AutoCAD 2010 中，打开已有文件有以下 3 种方法。

（1）命令。

完整命令：OPEN；快捷命令：【CTRL】+【O】。

（2）菜单栏。

在菜单栏中选择【文件】→【打开】命令。

（3）访问工具栏。

在快速访问工具栏中单击【新建】按钮。

执行【打开】命令后，会弹出【选择文件】对话框，如图 4–3 所示。选择文件后单击【打开】按钮即可打开文件。

图 4–3 【选择文件】对话框

3. 保存文件

在 AutoCAD 2010 中，保存图形文件有以下 4 种方法。

（1）命令。

完整命令：SAVE；快捷命令：【CTRL】+【S】。

（2）菜单栏。

在菜单栏中选择【文件】→【保存】命令。

（3）访问工具栏。

在快速访问工具栏中单击【保存】按钮。

（4）【文件】命令。

选择【文件】→【另存为】命令，系统弹出【图形另存为】对话框，如图 4–4 所示。输入新名称后，单击【保存】按钮。

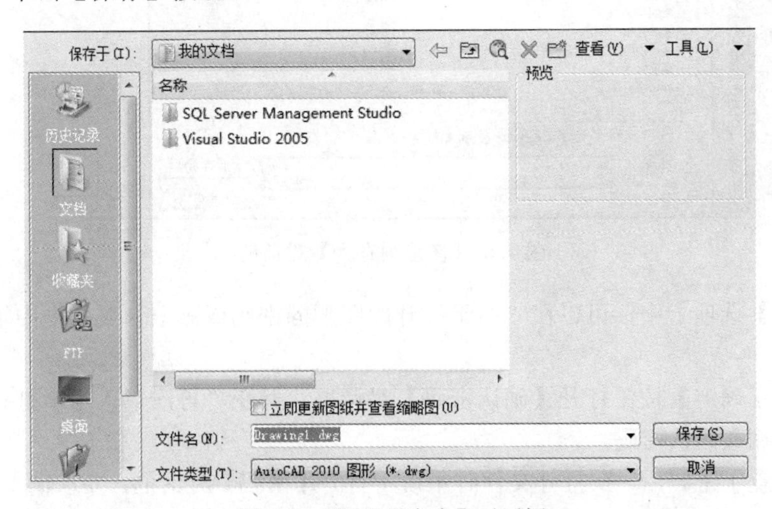

图 4–4 【图形另存为】对话框

4. 备份文件

完整命令：SAVE AS；快捷命令：【CTRL】+【SHIFT】+【S】。

5. 关闭文件

在 AutoCAD 2010 中，关闭图形文件有以下 4 种方法。

（1）命令。

完整命令：EXIT；快捷命令：【CTRL】+【Q】。

（2）菜单栏。

在菜单栏中选择【文件】→【关闭】命令。

（3）绘图窗口。

在绘图窗口中单击【关闭】按钮。

（4）标题栏。

单击标题栏右侧的【关闭】按钮。

执行【关闭】命令后，系统弹出【AutoCAD】对话框，如图 4–5 所示。

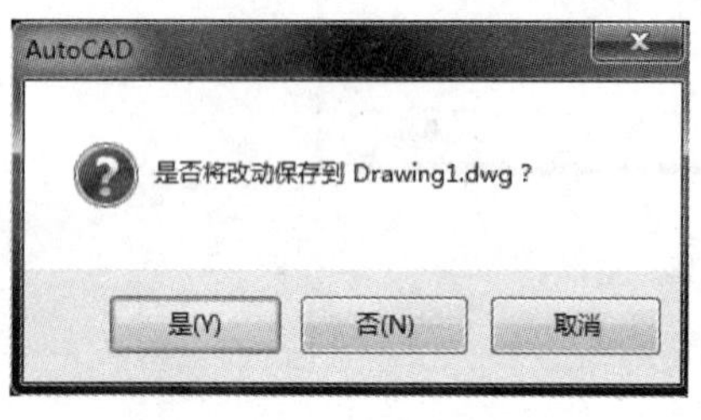

图 4–5 【AutoCAD】对话框

6. 加密保存图形文件

在 AutoCAD 2010 中，在保存文件时都可以使用密码保护功能，对文件进行加密保存。

当选择【文件】→【保存】或【文件】→【另存为】命令时，将打开【图形另存为】对话框，如图 4–6 所示。在该对话框中选择【工具】→【安全选项】命令，此时将打开【安全选项】对话框，如图 4–7 所示。

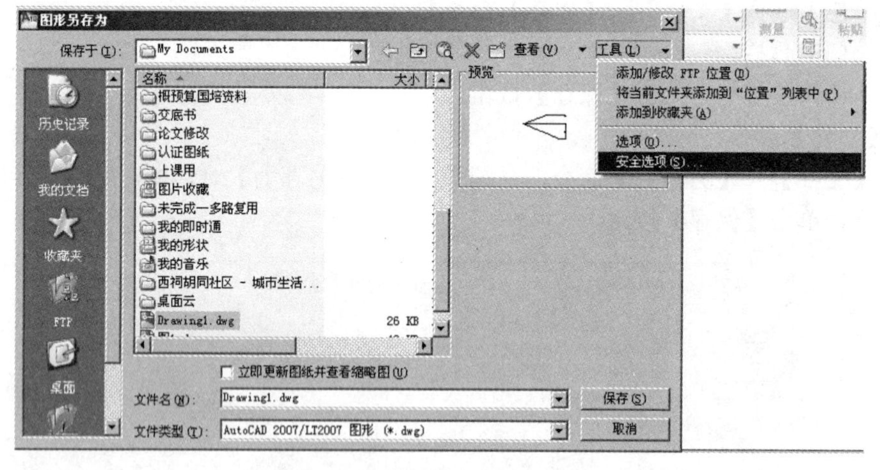

图 4–6 【图形另存为】对话框

在【密码】选项卡中，可以在“用于打开此图形的密码或短语”文本框中输入密码，如图 4–7 所示。

然后单击【确定】按钮打开【确认密码】对话框，并在“再次输入用于打开此图形的密码”文本框中输入确认密码。

为文件设置了密码后，在打开文件时系统将打开【密码】对话框，要求输入正确的密码，否则将无法打开该图形文件，这对于需要保密的图纸非常重要。

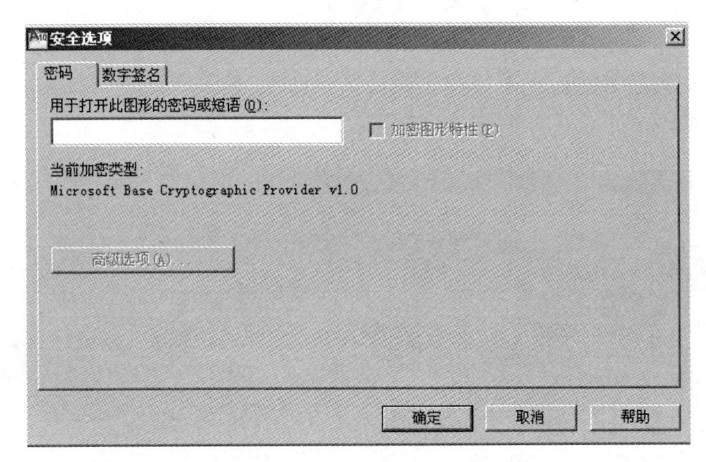

图 4–7 【安全选项】对话框

二、命令的重复、撤销和重做

1. 命令的重复

按【ENTER】键即可重复上一个命令，包括上个命令已经执行完毕或被取消。

2. 命令的撤销

完整命令：UNDO；快捷命令：【Esc】。

在执行命令任何时刻都可以取消或终止命令。

3. 命令的重做

完整命令：REDO；快捷命令：【CTRL】+【Z】。

要重做已经被撤销的命令，可以重做撤销的最后一个命令。

三、绘图设置

1. 绘图环境的设置

用户可以使用系统默认的绘图环境设置，也可以根据个人习惯及具体绘图需求进行设置。

在菜单栏中选择【工具】→【选项】命令，系统弹出如图 4–8 所示对话框。该对话框中包括【文件】、【显示】、【打开和保存】、【打印和发布】、【系统】、【用户系统配置】、【草图】、【三维建模】、【选择集】和【配置】选项卡。利用这些选项卡可以设置具体的配置项目，如图 4–9～图 4–12 所示。

例如，通过设置【显示】选项卡，可以改变二维模型空间背景颜色；设置【打开和保存】选项卡，可以设置自动保存文件的时间间隔；设置【用户系统配置】选项卡，可以改变默认线宽；设置【草图】选项卡，可以进行自动捕捉设置。

2. 绘图单位的设置

用户可以使用 AutoCAD 2010 默认的图形单位，也可以根据设计的实际情况更改图形单位设置。打开设置图形单位对话框有以下几种方法。

（1）命令。

完整命令：UNITS。

（2）菜单栏。

在菜单栏中选择【格式】→【单位】命令。

打开设置图形单位对话框，如图 4–13 所示。

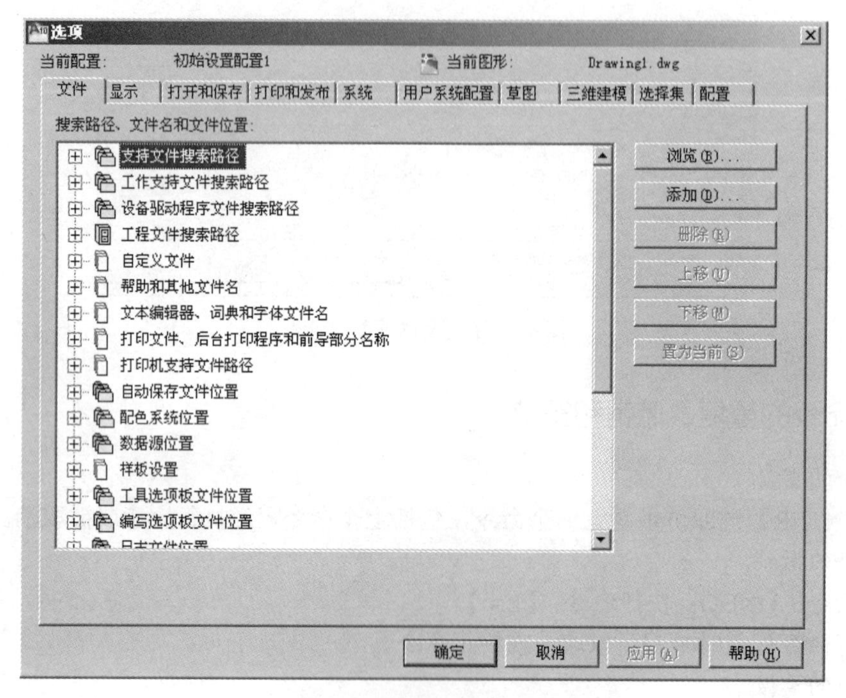

图 4–8 【选项】对话框

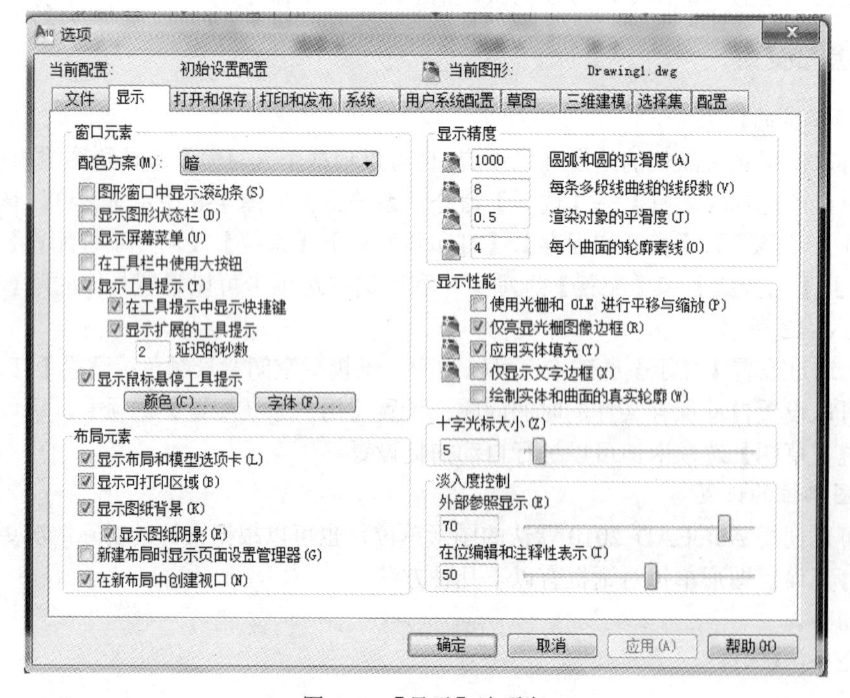

图 4–9 【显示】选项卡

图 4–10 【打开和保存】选项卡

图 4–11 【用户系统配置】选项卡

图 4–12 【草图】选项卡

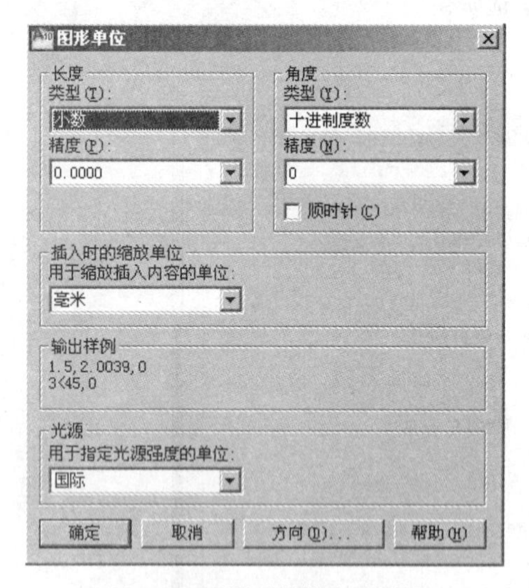

图 4–13 【图形单位】对话框

在“长度”选项组的“类型”下拉列表框中选择“小数”“科学”“建筑”“分数”或“工程”以设置长度尺寸的类型。指定长度类型选项后，在“精度”下拉列表框中选择所需的单位精度值。

在“角度”选项组的“类型”下拉列表框中选择角度单位类型，如图 4–14 所示。

在“插入时的缩放单位”选项组中，可以控制插入到当前图形中的块和图形的测量单位。如果创建块或图形时所使用的单位与该选项设置的“用于缩放插入内容的单位”不相符，则在插入这些块或图形时，系统将对其进行比例缩放。

在“光源”选项组中设定用于指定光源强度的单位。

在【图形单位】对话框中单击【方向】按钮，弹出的对话框如图 4–15 所示，可从中设置基准角度。

在【图形单位】对话框中单击【确定】按钮，即可完成图形单位设置。

3. 坐标系

AutoCAD 2010 图形中各点的位置都是由坐标系来确定的。在 AutoCAD 2010 中，根据坐标系的定制对象不同，将坐标系类型分为两种：一个称为世界坐标系（WCS）的固定坐标系和一个称为用户坐标系（UCS）的可移动坐标系。在系统默认情况下，这两种坐标系在新图形中是重合的。

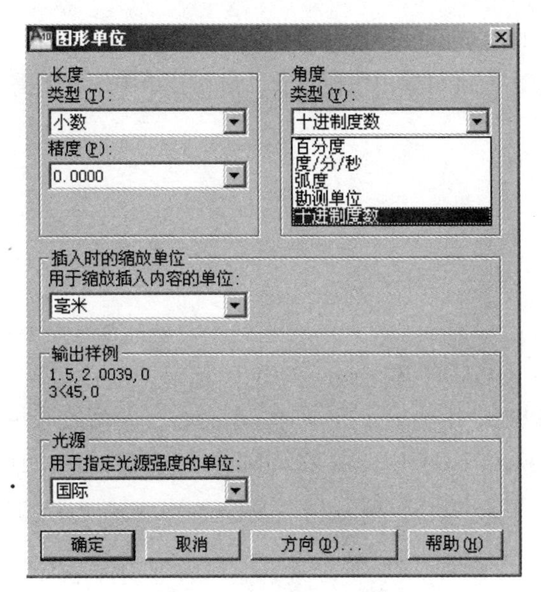

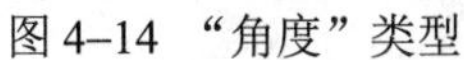
图 4–14 “角度”类型

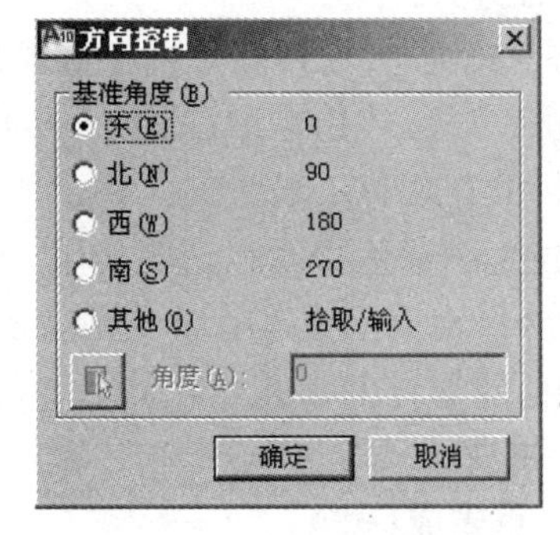

图 4–15 【方向控制】对话框

在 WCS 中，*X* 轴是水平的，*Y* 轴是垂直的，*Z* 轴垂直于 *XY* 平面，符合右手法则，该坐标系存在于任何一个图形中且不可更改。

按照坐标轴的不同，则将坐标系分为笛卡儿坐标系、极坐标系、相对坐标。

1）笛卡儿坐标系

笛卡儿坐标系又称为直角坐标系，由一个原点（坐标为（0，0））和两个通过原点的、相互垂直的坐标轴构成。其中，水平方向的坐标轴为 *X* 轴，以向右为其正方向；垂直方向的坐标轴为 *Y* 轴，以向上为其正方向。平面上任何一点 *P* 都可以由 *X* 轴和 *Y* 轴的坐标所定义，即用一对坐标值（*x*，*y*）来定义一个点。

2）极坐标系

极坐标系是由一个极点和一个极轴构成，极轴的方向为水平向右。平面上任何一点 *P* 都可以由该点到极点的连线长度 *L*（>0）和连线与极轴的交角 α（极角，逆时针方向为正）所定义，即用一对坐标值（*L*，∠a）来定义一个点，其中“∠”表示角度。

3）相对坐标

在某些情况下，需要直接通过点与点之间的相对位移来绘制图形，而不是指定每个点的绝对坐标。为此，AutoCAD 2010 提供了使用相对坐标的办法。所谓相对坐标，就是某点与相对点的相对位移值，在 AutoCAD 2010 中相对坐标用“@”标识。使用相对坐标时可以使用笛卡儿坐标，也可以使用极坐标，可根据具体情况而定。

坐标值显示在屏幕底部状态栏左端，显示当前光标所处位置的坐标值，该坐标值有以下三种显示状态。

绝对坐标状态：显示光标所在位置的坐标。

相对极坐标状态：在相对于前一点来指定第二点时可使用此状态。

关闭状态：颜色变为灰色，并“冻结”关闭时所显示的坐标值。

用户可根据需要在这三种状态之间进行切换，方法也有三种：

（1）连续按【F6】键可在这三种状态之间相互切换。

（2）在状态栏中显示坐标值的区域，双击也可以进行切换。

（3）在状态栏中显示坐标值的区域，单击右键可弹出快捷菜单，可在菜单中选择所需状态。

四、视图操作

1. 重画

执行方式：

- 下拉菜单：【视图】→【重画】。
- 命令行：REDRAWALL（透明命令）。

当 BLIPMODE 打开时，将从所有视口中删除编辑命令留下的点标记。

注意：许多命令可以透明使用，即可以在使用另一个命令时，在命令行中输入这些命令。透明命令经常用于更改图形设置或显示选项，例如 GRID 或 ZOOM 命令。透明命令通过在命令名的前面加一个单引号来执行。

2. 重新生成图形

1）重生成

执行方式：

- 下拉菜单：【视图】→【重生成】。
- 命令行：REGEN（透明命令）。

REGEN 在当前视口中重生成整个图形并重新计算所有对象的屏幕坐标。它还重新创建图形数据库索引，从而优化显示和对象选择的性能。

2）全部重生成

执行方式：

- 下拉菜单：【视图】→【全部重生成】
- 命令行：REGENALL（透明命令）。

REGENALL 重新计算并生成当前图形的数据库，更新所有视口显示。该命令与 REGEN 类似。

3. 缩放视图

实际绘图时，经常需要改变图形的显示比例，如放大图形或缩小图形。

可用鼠标中键（或滚轮）直接进行缩放。

1）实时缩放

执行方式：

- 下拉菜单：【视图】→【缩放】→【实时缩放】。
- 命令行：ZOOM（透明命令）。
- 工具栏：实时。

按住鼠标左键，向上拖动鼠标，就可以放大图形；向下拖动鼠标，则缩小图形。可以通过按【Esc】键或回车键来结束实时缩放操作，或者右击鼠标，选择快捷菜单中的【退出】项也可以结束当前的实时缩放操作。

2）窗口缩放

执行方式：

- 下拉菜单：【视图】→【缩放】→【窗口】。
- 命令行：【ZOOM】→【W】（透明命令）。
- 工具栏：窗口。

窗口缩放指放大指定矩形窗口中的图形。

3）显示前一个视图

执行方式：

- 下拉菜单：【视图】→【缩放】→【上一个】。
- 命令行：【ZOOM】→【P】（透明命令）。
- 工具栏：上一个。

指返回到前面显示的图形视图。可以通过连续单击该按钮的方式依次往前返回。最多可以返回10次。

4）动态缩放

执行方式：

- 下拉菜单：【视图】→【缩放】→【动态】。
- 命令行：【ZOOM】→【D】（透明命令）。
- 工具栏：动态。

通过拾取框来动态确定要显示的图形区域。执行该命令后屏幕上会出现动态缩放特殊屏幕模式，其中有三个方框：蓝色虚线框一般表示图纸的范围，该范围是用LIMITS命令设置的边界或者是图形实际占据的矩形区域；绿色虚线框一般表示当前屏幕区，即当前在屏幕上显示的图形区域；选取视图框（框的中心处有一个×），用于在绘图区域中选取下一次在屏幕上显示的图形区域。

5）按比例缩放

执行方式：

- 下拉菜单：【视图】→【缩放】→【比例】。
- 命令行：【ZOOM】→【S】（透明命令）。
- 工具栏：缩放。

指根据给定的比例来缩放图形。

6）重设视图中心点

执行方式：

- 下拉菜单：【视图】→【缩放】→【中心点】。
- 命令行：【ZOOM】→【C】（透明命令）。
- 工具栏：中心。

指将图形上的指定点作为绘图屏幕的显示中心点（实际上是平移视图）。

7）根据绘图范围或实际图形显示

执行方式：

- 下拉菜单：【视图】→【缩放】→【全部】。
- 命令行：【ZOOM】→【A】（透明命令）。
- 工具栏：全部。

将全部图形显示在屏幕上。此时如果各图形对象均没有超出由 LIMITS 命令设置的绘图范围，AutoCAD 2010 则在屏幕上显示该范围。如果有图形对象画到所设范围之外，则会扩大显示区域，以将超出范围的部分也显示在屏幕上。

8）平移视图

在 AutoCAD 2010 绘图过程中，可以移动整个图形，使图形的特定部分位于显示屏幕。

执行方式：

- 下拉菜单：【视图】→【平移】→【实时】。
- 命令行：PAN（透明命令）。
- 工具栏：平移。

注意：PAN 不改变图形中对象的位置或放大比例，只改变视图。

9）使用鸟瞰视图

执行方式：

- 下拉菜单：【视图】→【鸟瞰视图】。
- 命令行：DSVIEWER（透明命令）。

【鸟瞰视图】窗口是一种浏览工具。它在一个独立的窗口中显示整个图形的视图，以便快速定位并移动到某个特定区域。【鸟瞰视图】窗口打开时，不需要选择菜单选项或输入命令，就可以进行缩放和平移。

执行实时缩放和实时移动操作的步骤如下：

①在【鸟瞰视图】窗口中单击鼠标左键，则在该窗口中显示出一个平移框（即矩形框），表明当前是平移模式。拖动该平移框，就可以便图形实时移动。

②当窗口中出现平移框后，单击鼠标左键，平移框左边出现一个小箭头，表示此时为缩放模式，此时拖动鼠标，就可以实现图形的实时缩放，同时会改变框的大小。

③在窗口中再单击鼠标左键，则又切换回平移模式。

利用上述方法，可以实现实时平移与实时缩放的切换。

五、图形输出设置

1. 图形输出

输出功能是将图形转换为其他类型的图形文件，如 bmp、wmf 等，以达到和其他软件兼容的目的。

命令格式：

- 命令行：Export。
- 菜单栏：【文件】→【输出（E）】。

输出文件有 11 种类型，如图 4–16 所示。

图 4–16　输出类型

输出是图形工作中常用的文件类型，能够保证与其他软件的交流。使用输出功能的时候，会提示选择输出的图形对象，用户在选择所需要的图形对象后就可以输出了。输出后的图面与输出时绘图区域里显示的图形效果是相同的。需要注意的是在输出的过程中，有些图形类型发生的改变比较大，不能够把类型改变大的图形重新转化为可编辑的 CAD 图形格式，如果将 bmp 文件读入后，仅作为光栅图像使用，不可以进行图形修改操作。

2. 打印和打印参数设置

用户在完成某个图形绘制后，为了便于观察和实际施工制作，可将其打印输出到图纸上。在打印的时候，首先要设置打印的一些参数，如选择打印设备、设定打印样式、指定打印区域等，这些都可以通过打印命令调出的对话框来实现。

命令格式：

- 命令行：Plot。
- 菜单栏：【文件】→【打印（P)】。
- 工具栏：【标准】→【打印】。

设定相关参数，打印当前图形文件。

对于打印命令对话框，下面将详细介绍其中的一些打印参数设置。

（1）打印机/绘图仪。

“打印机/绘图仪”栏，如图 4–17 所示，可以对用户输出图形所要使用的打印设备、纸张大小、打印份数等进行设置。

若用户要修改当前打印机配置，可在对话框中设定打印机的输出设置，如打印图纸尺寸、打印区域、打印比例、打印偏移等。

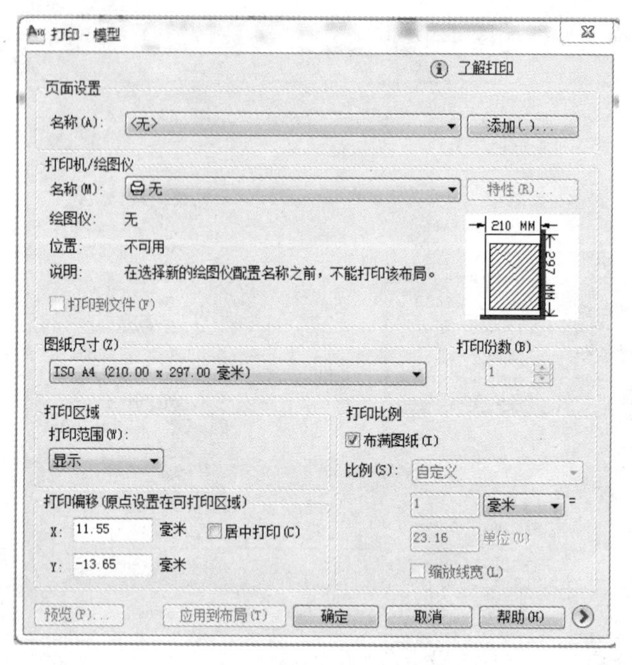

图 4–17　打印界面

（2）打印样式表。

打印样式用于修改图形打印的外观。图形中每个对象或图层都具有打印样式属性，通过修改打印样式可改变对象输出的颜色、线型、线宽等特性。在打印样式表对话框中可以指定图形输出时所采用的打印样式，在下拉列表框中有多个打印样式可供用户选择，用户也可单击【修改】按钮对已有的打印样式进行改动，或用【新建】按钮设置新的打印样式。

打印样式分为以下两种：

颜色相关打印样式：该种打印样式表的扩展名为 ctb，可以将图形中的每个颜色指定打印的样式，从而在打印的图形中实现不同的特性设置。颜色现定于 255 种索引色，真彩色和配色系统在此处不可使用。使用颜色相关打印样式表不能将打印样式指定给单独的对象或者图层。使用该打印样式的时候，需要先为对象或图层指定具体的颜色，然后在打印样式表中将指定的颜色设置为打印样式的颜色。指定了颜色相关打印样式表之后，可以将样式表中的设置应用到图形中的对象或图层。如果给某个对象指定了打印样式，则这种样式将取代对象所在图层所指定的打印样式。

命名相关打印样式：根据在打印样式定义中指定的特性设置来打印图形，命名打印样式可以指定给对象，与对象的颜色无关。命名打印样式的扩展名为 stb。

（3）打印区域。

如图 4–18 所示，“打印区域”栏可设定图形输出时的打印区域。

该栏中各选项含义如下：

● 窗口：临时关闭【打印】对话框，在当前窗口选择一矩形区域，然后返回对话框，打印选取的矩形区域内的内容。此方法是选择打印区域最常用的方法，由于选择区域后一般情况下希望布满整张图纸，所以打印比例会选择“布满图纸”选项，以达到最佳效果。但这样打出来的图纸比例很难确定，常用于比例要求不高的情况。

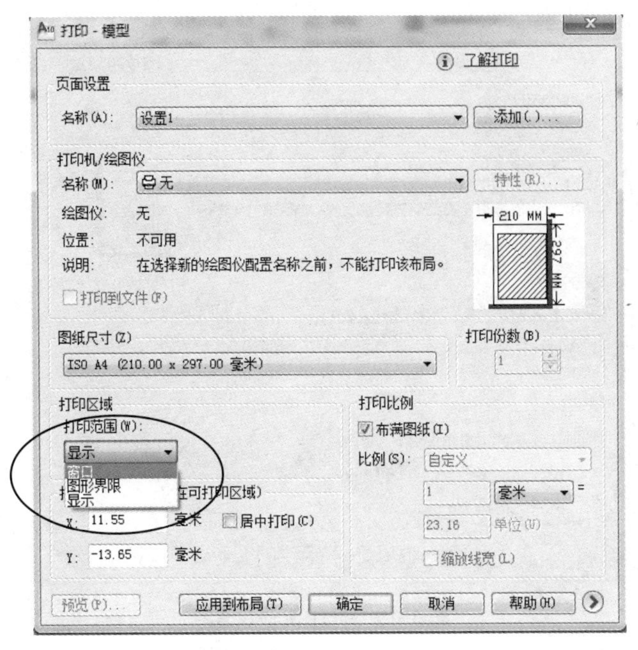

图 4–18　打印范围下拉菜单

- 图形界限：打印包含所有对象的图形的当前空间。该图形中的所有对象都将被打印。
- 显示：打印当前视图中的内容。

（4）设置打印比例。

“打印比例”栏中可设定图形输出时的打印比例。在“比例”下拉列表框中可选择用户出图的比例，如 1:1，同时可以用“自定义”选项，在下面的框中输入比例换算方式来达到控制比例的目的。“布满图纸”选项则是根据打印图形范围的大小，自动布满整张图纸。“缩放线宽”选项是在布局中打印的时候使用的，勾选上后，图纸所设定的线宽会按照打印比例进行放大或缩小，而未勾选则不管打印比例是多少，打印出来的线宽就是设置的线宽尺寸。

（5）调整图形打印方向。

在“图形方向”栏中可指定图形输出的方向。因为图纸制作会根据实际的绘图情况来选择图纸是纵向还是横向，所以在图纸打印的时候一定要注意设置图形方向，否则图纸打印可能会出现部分超出纸张的图形无法打印出来。该栏中各选项的含义如下：

- 纵向：图形以水平方向放置在图纸上。
- 横向：图形以垂直方向放置在图纸上。
- 反向打印：指定图形在图纸上倒置打印，即将图形旋转 180° 打印。

（6）指定偏移位置。

即指定图形打印在图纸上的位置。可通过分别设置 X（水平）偏移和 Y（垂直）偏移来精确控制图形的位置，如图 4–19 所示。也可通过勾选“居中打印”选项，使图形打印在图纸中间。

打印偏移量是通过将标题栏的左下角与图纸的左下角重新对齐来补偿图纸的页边距。用户可以通过测量图纸边缘与打印信息之间的距离来确定打印偏移。

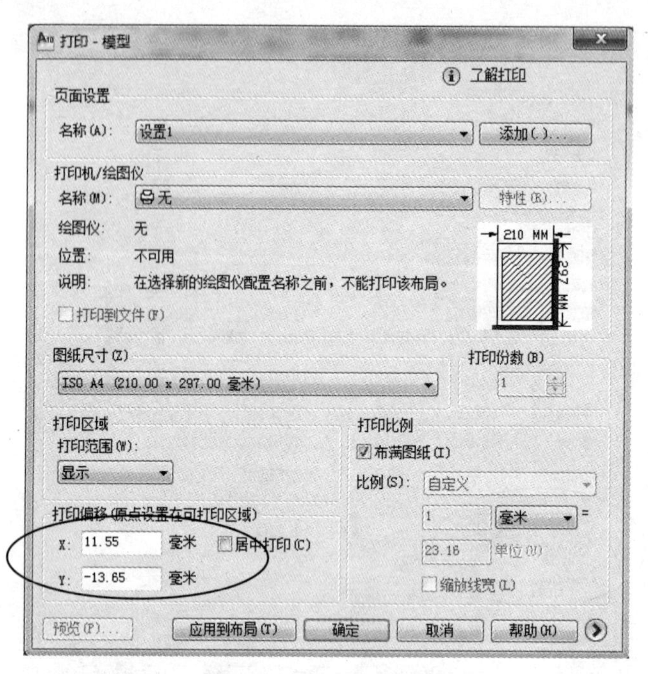

图 4–19　打印偏移设置

（7）设置打印选项。

打印过程中，还可以设置一些打印选项，在需要的情况下可以使用，如图 4–20 所示。

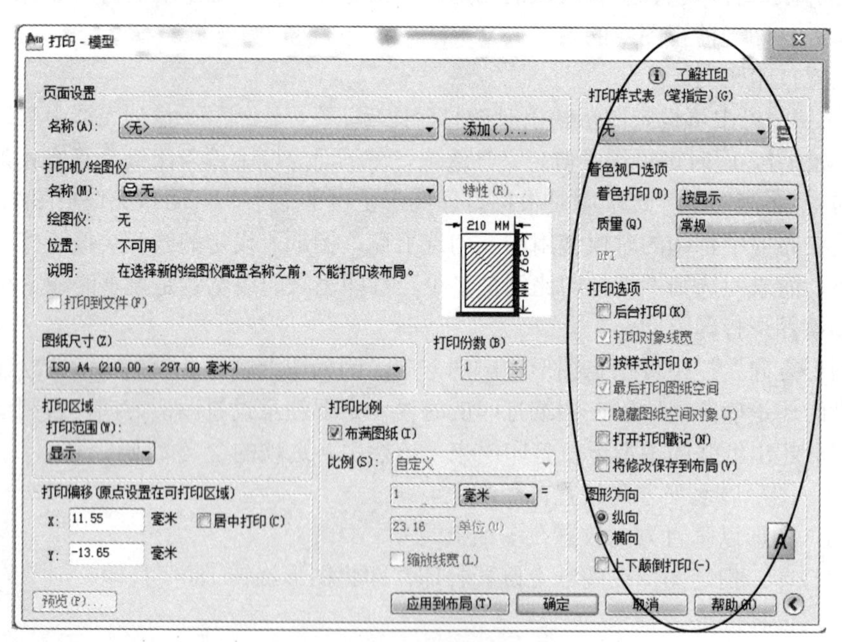

图 4–20　打印选项设置

各个选项表示的内容如下：

- 打印对象线宽：将打印指定给对象和图层的线宽。
- 按样式打印：以指定的打印样式来打印图形。指定此选项将自动打印线宽，如果不选择此选项，将按指定给对象的特性打印对象而不是按打印样式打印。

- 最后打印图纸空间：即首先打印模型空间几何图形。通常先打印图纸空间几何图形，然后再打印模型空间几何图形。
- 隐藏图纸空间对象：此选项仅在布局选项卡中可用。此设置的效果反映在打印预览中，而不反映在布局中。
- 将修改保存到布局：将在【打印】对话框中所做的修改保存到布局中。
- 打开打印戳记：使用打印戳记的功能。

（8）预览打印效果。

在图形打印之前使用预览框可以提前看到图形打印后的效果。这将有助于对打印的图形及时修改。如果设置了打印样式表，预览图将显示在指定的打印样式设置下的图形效果。

在预览效果的界面下，可以单击鼠标右键，在弹出的快捷菜单中有“打印”选项，单击即可直接在打印机上出图了。也可以退出预览界面，在【打印】对话框上单击【确定】按钮出图。用户在进行打印的时候要经过上面一系列的设置后，才可以正确地在打印机上输出需要的图纸。当然，这些设置是可以保存的，【打印】对话框最上面有“页面设置”选项，用户可以新建页面设置的名称，来保存所有的打印设置。另外，还提供从图纸空间出图，图纸空间会记录下设置的打印参数，从这个地方打印是最方便的选择。

单元 2　辅助绘图工具的使用

内容导入

AutoCAD 2010 提供了栅格、捕捉、极轴追踪、对象捕捉、正交等绘图辅助工具。这些辅助工具更加有利于精确绘图。例如正交功能使用户可以很方便地绘制水平、竖直直线；对象捕捉可帮助拾取几何对象上的特殊点等。本单元将介绍栅格、捕捉、极轴追踪、对象捕捉、正交等绘图辅助工具的应用。

单元目标

学会使用栅格、捕捉、极轴追踪、对象捕捉、正交等绘图辅助工具。

知识内容

一、设置命令

完整命令：DSETTINGS；快捷命令：DS 或 SE。

执行 DS 或 SE 命令，打开【草图设置】对话框，可对系统提供的辅助工具进行设置。

二、栅格和捕捉

打开【草图设置】对话框，如图 4-21 所示，用户可以应用显示栅格工具使绘图区域上出现可见的网格，它是一个形象的画图工具，就像传统的坐标纸一样。

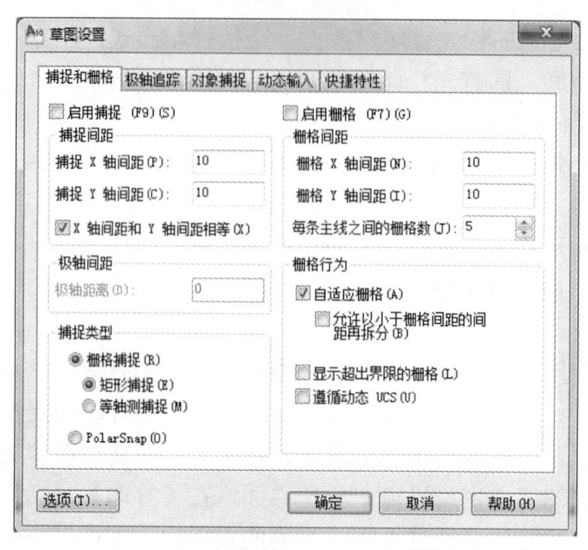

图 4–21 【捕捉和栅格】选项卡

栅格启动/关闭快捷键：F7；捕捉启动/关闭快捷键：F9。

栅格是由一系列有规则的点组成的网格，它是按照设置的间距来显示图形区域中的点，用户可以依据要求来进行设置。

捕捉则使光标只能停留在图形中指定的点上，可以很方便地将图形放置在特殊点上，便于以后的编辑工作。其中部分参数含义如表 4–1 所示。

表 4–1 参数说明

参数	说　明
"启用捕捉"	选择该复选框，启动控制捕捉功能，与单击状态栏上相应按钮功能相同
"启用栅格"	选择该复选框，启动控制栅格功能，与单击状态栏上相应按钮功能相同
"捕捉 X 轴间距"	设置捕捉在 *X* 方向的单位间距
"捕捉 Y 轴间距"	设置捕捉在 *Y* 方向的单位间距
"X 轴间距与 Y 轴间距相等"	设置 *X* 和 *Y* 方向的间距是否相等
"栅格 X 轴间距"	栅格在 *X* 方向的单位间距
"栅格 Y 轴间距"	栅格在 *Y* 方向的单位间距
"每条主线之间的栅格数"	指定主栅格线相对于次栅格线的频率
"自适应栅格"	选择该复选框，表示设置缩小时，限制栅格密度
"允许以小于栅格间距的间距再拆分"	选择该复选框，表示设置放大时，生成更多间距更小的栅格线
"显示超出界限的栅格"	选择该复选框，表示显示超出 LIMITS 命令指定区域的栅格
"遵循动态 UCS"	选择该复选框，则更改栅格平面以跟随动态 UCS 的 *XY* 平面

例：设置栅格间水平为 20，竖直为 10。

执行 SE 命令，打开【草图设置】对话框，如图 4–21 所示，设置栅格参数一栏即可；单击【确定】按钮，完成栅格设置。

三、极轴追踪

极轴追踪启动/关闭快捷键：F10。

极轴追踪是指按指定的极轴角或极轴角的倍数对其指定点的路径使用极轴追踪功能，可限制光标按照指定的角度移动。用户在创建或修改对象时，可以使用极轴追踪功能显示由指定极轴角度定义的临时对齐路径。

执行 SE 命令，打开【草图设置】对话框，切换到【极轴追踪】选项卡，如图 4–22 所示。

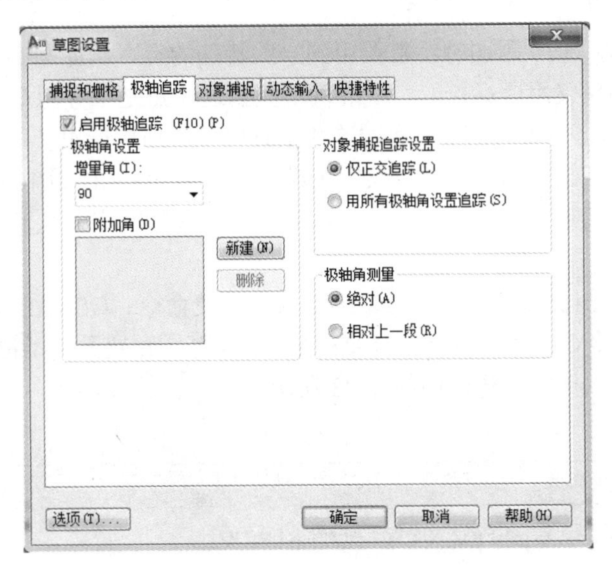

图 4–22　【极轴追踪】选项卡

【极轴追踪】选项卡中各选项的含义如表 4–2 所示。

表 4–2　参数选项及含义

参数选项	含　义
“启用极轴追踪”	选中该复选框，将启用极轴追踪功能
“增量角”	设置用来显示极轴追踪对齐路径的极轴角增量，可输入任何角度，也可从列表中选择系统提供的常用角度，绘图过程中所追踪到的极轴角度为此增量的倍数
“附加角”	在设置角度增量后，仍有一些角度不等于增量值的倍数。对于这些特定的角度值，可以勾选“附加角”复选框。若要添加新的角度，单击【新建】按钮，在“附加角”列表框中添加新的附加角度；若要删除列表框中现有的角度，单击【删除】按钮即可。列表框中最多可以添加 10 个附加极轴追踪对齐角度
“仅正交追踪”	表示当对象捕捉追踪打开时，仅显示已获得的对象捕捉点的正交（水平/垂直）对象捕捉追踪路径

续表

参数选项	含　义
“用所有极轴角设置追踪”	表示将极轴追踪设置应用于对象捕捉追踪。使用对象捕捉追踪时，光标将从获取的对象捕捉点开始沿极轴对齐角度进行追踪
“绝对”	选择此模式后，系统将以当前坐标系下的 X 轴为起始轴计算出追踪到的角度
“相对上一段”	选择此模式后，系统将以上一个创建的对象为起始轴计算出所追踪到的相对于此对象的角度

四、对象捕捉

在利用 AutoCAD 2010 画图时经常要用到一些特殊的点，例如圆心、切点、线段或圆弧的端点、中点等，如果仅用鼠标拾取，要准确地找到这些点是十分困难的。为此，AutoCAD 2010 提供了一些识别这些点的工具，通过这些工具可轻松地构造出新的几何体，使创建的对象被精确地画出来，其结果比传统手工绘图更精确。在 AutoCAD 2010 中，这种功能称为对象捕捉功能。利用该功能，可以迅速、准确地捕捉到某些特殊点，从而迅速、准确地绘制出图形。

对象捕捉启动/关闭快捷键：F3；对象捕捉设置快捷命令：OSNAP。

执行 OSNAP 命令，系统打开如图 4–23 所示的【草图设置】对话框。【对象捕捉】选项卡中列出了所有的对象捕捉模式，如图 4–23 所示。

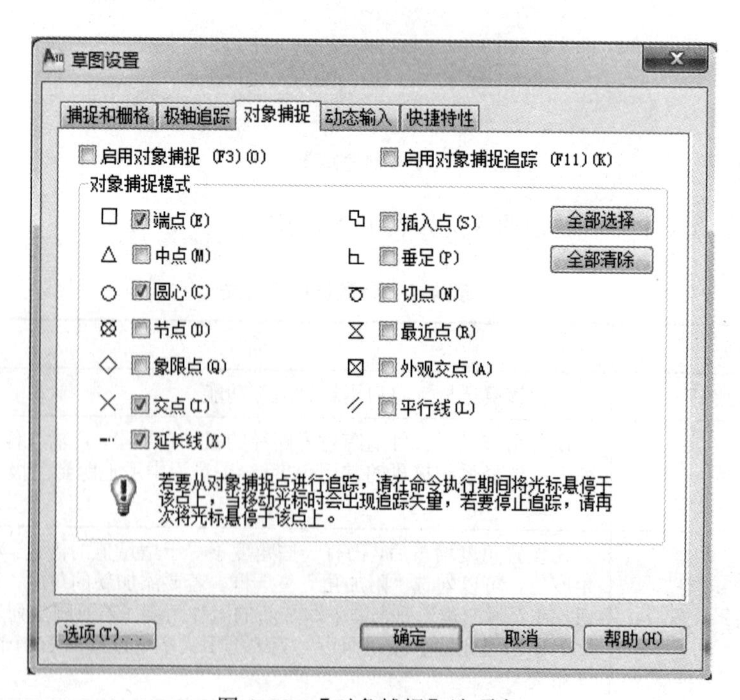

图 4–23　【对象捕捉】选项卡

【对象捕捉】选项卡中各个捕捉模式的含义如表 4–3 所示。

表 4–3　参数选项及含义

对象捕捉模式	说　明
端点	捕捉直线、圆弧、多段线、样条曲线、面域等最近的端点，或捕捉宽线、实体等最近角点
中点	捕捉直线、圆弧、椭圆、多段线、面域、实体等的中点
圆心	捕捉圆弧、圆、椭圆或椭圆弧的圆心
节点	捕捉点对象、标注定义点或标注文字起点
象限点	捕捉圆弧、圆、椭圆或椭圆弧的象限点
交点	捕捉直线、多段线、圆弧、圆、椭圆、椭圆弧等的交点
延长线	当光标经过对象的端点时，显示临时延长线或圆弧，以便用户在延长线或圆弧上指定点
插入点	捕捉属性、块或文字的插入点
垂足	捕捉直线、多段线、圆弧、圆、椭圆、椭圆弧等的垂足
切点	捕捉圆弧、圆、椭圆、椭圆弧或样条曲线的切点
最近点	捕捉直线、圆弧、圆、椭圆、椭圆弧、多段线、样条曲线等的最近点
外观交点	捕捉不在同一个平面上的两个对象的外观交点
平行线	AutoCAD 2010 无论何时提示输入矢量的第二个点，都绘制平行于另一个对象的矢量

五、动态输入

动态输入在光标附近提供了一个命令界面，以帮助用户专注于绘图区域。

启用动态输入时，工具栏提示将在光标附近显示信息，该信息会随着光标移动而动态更新。当某条命令为活动时，工具栏提示将为用户提供输入的位置。

完成命令或使用夹点所需的动作与命令行中的动作类似。区别是用户的注意力可以保持在光标附近。动态输入不会取代命令窗口。可以隐藏命令窗口以增加绘图屏幕区域，但是在有些操作中还是需要显示命令窗口。按【F2】键可根据需要隐藏和显示命令提示和错误消息。另外，也可以浮动命令窗口，并使用“自动隐藏”功能来展开或卷起该窗口。

注意：透视图不支持动态输入。

执行方式：

- 下拉菜单：【工具】→【草图设置】。
- 命令行：DSETTINGS。
- 状态栏：【DYN（动态输入）】按钮（功能仅限于打开与关闭）。
- 功能键：F12（功能仅限于打开与关闭）。
- 快捷菜单：将光标置于【DYN（动态输入）】按钮上，右击，选择【设置】按钮，如图 4–24 所示。

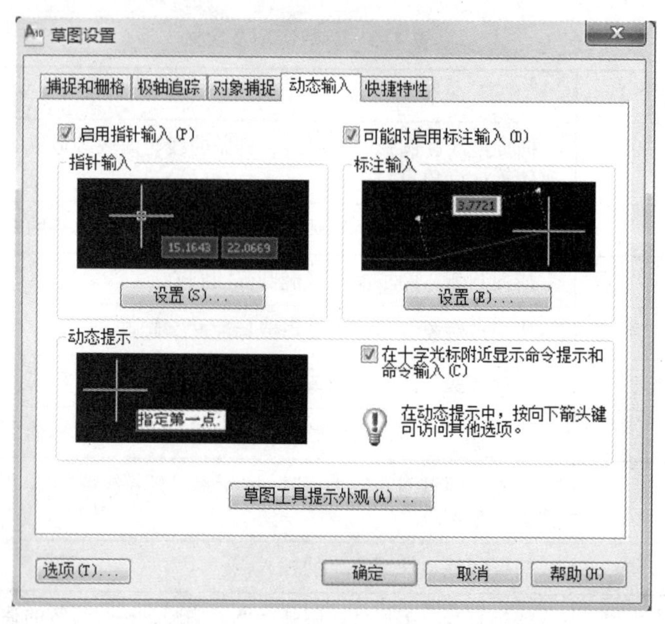

图 4–24 【动态输入】选项卡

六、正交模式

在用 AutoCAD 2010 绘图的过程中，经常需要绘制水平直线和垂直直线，但是用鼠标拾取线段的端点时很难保证两个点严格沿水平或垂直方向，为此，AutoCAD 2010 提供了“正交”功能，当启用正交模式时，画线或移动对象时只能沿水平方向或垂直方向移动光标，因此只能画平行于坐标轴的正交线段。

- 执行方式：
- 命令行：ORTHO。
- 状态栏：【正交】按钮。
- 功能键：F8。

单元 3　设置图层

内容导入

一张完整的图纸就是由图形文件中所有图层的对象叠加在一起的，图层是 AutoCAD 2010 中的主要组织工具，通过创建图层，可以将类型相似的对象绘制到相同的图层上，使图形层次分明，从而更利于对图形进行相应的控制和管理。本单元将学习如何进行图层设置。

单元目标

（1）掌握图层的特性；

（2）熟练操作图层设置。

知识内容

一、图层的特性

用 AutoCAD 2010 绘出的每一个对象都具有图层、颜色及线型这三个基本特征。用户可以建立、选用不同的图层来绘图，也可以用不同的线型与颜色绘图。图层具有以下特性：

（1）用户可以在一幅图中指定任意数量的图层。系统对图层数没有限制，对每一图层上的对象数也没有任何限制。

（2）每一图层有一个名称，加以区别。当开始绘一幅新图时，AutoCAD 2010 自动创建名为 0 的图层，这是 AutoCAD 2010 的默认图层，其余图层需用户来定义。

（3）一般情况下，位于一个图层上的对象应该是一种绘图线型，一种绘图颜色。用户可以改变各图层的线型、颜色等特性。

（4）虽然 AutoCAD 2010 允许用户建立多个图层，但只能在当前图层上绘图。

（5）各图层具有相同的坐标系和相同的显示缩放倍数。用户可以对位于不同图层上的对象同时进行编辑操作。

（6）用户可以对各图层进行打开、关闭、冻结、解冻、锁定与解锁等操作，以决定各图层的可见性与可操作性。

二、 图层设置

管理图层和图层特性，可采用命令：LAYER。

单击“图层”工具栏上的（图层特性管理器）按钮，或选择【格式】→【图层】命令，即执行 LAYER 命令，AutoCAD 2010 弹出如图 4–25 所示的图层特性管理器。

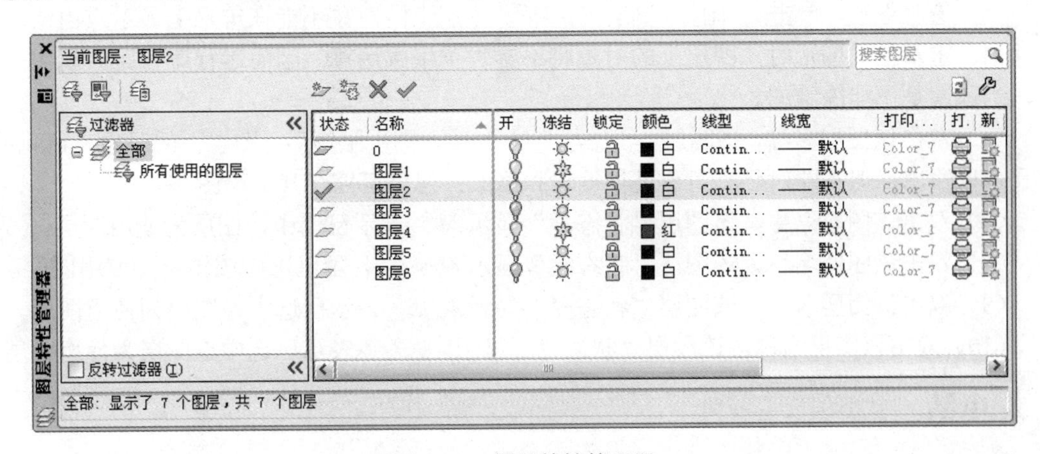

图 4–25 图层特性管理器

用户可通过【图层特性管理器】对话框建立新图层，为图层设置线型、颜色、线宽以及其他操作等。

1. 新建图层

在图 4–25【图层特性管理器】对话框中，单击新建图层图标（快捷方式为【Alt】+【N】），新建一个图层，如图 4–26 所示。

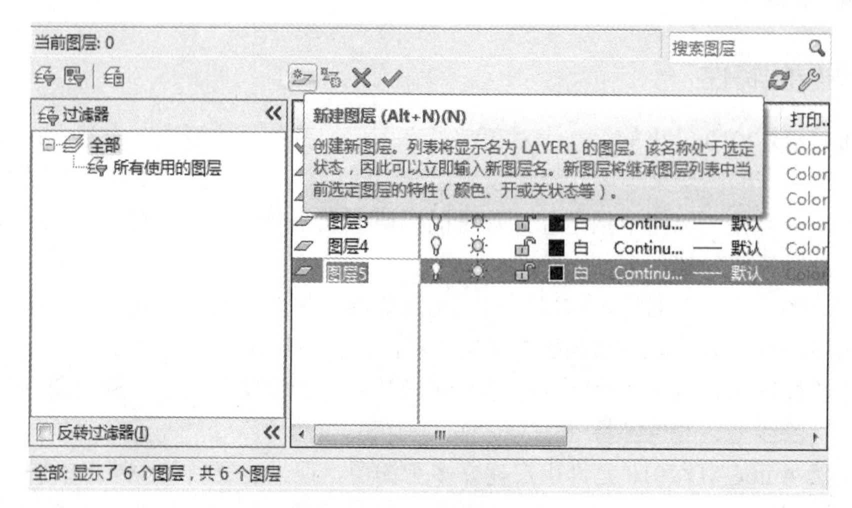

图 4–26　新建图层功能

2. 图层管理

（1）在【图层特性管理器】对话框的“名称”栏内，单击图层名称处可以修改图层名称。

（2）选择图层，单击【置为当前】命令，或者双击该图层名称，该图层“状态栏”显示 图层5 ，表示已选中该图层为使用图层。

（3）选择图层，单击【删除图层】命令，可删除选中的图层。

（4）选择图层，单击 图标，关闭图层后，该层上的对象不能在屏幕上显示或由绘图设备输出。重新生成图形时，图层上的对象仍将参与重生成运算，因而运行速度比冻结慢。

（5）选择图层，单击 图标，冻结图层后，该层上的对象不能在屏幕上显示或由绘图设备输出。重新生成图形时，图层上的对象将不参与重生成运算，因而运行速度比关闭快。另外，当前层是不能冻结的。

（6）双击该图层名称，该图层“状态栏”显示 。图层上锁后，图层上的对象是可见的，而且可以输出，但不能对已有对象进行编辑和修改；但仍可以在其上绘图。

（7）双击该图层名称，该图层“状态栏”显示 白 表示已选中该图层为使用图层。

（8）双击该图层名称，该图层“状态栏”显示 Continu... 表示已选中该图层为使用图层。

（9）双击该图层名称，该图层“状态栏”显示 —— 默认 表示已选中该图层为使用图层。

（10）双击该图层名称，该图层“状态栏”显示 Color_7 表示已选中该图层为使用图层。

小结

（1）在 AutoCAD 2010 中，在保存文件时都可以使用密码保护功能，对文件进行加密保存。

（2）实际绘图时，经常需要改变图形的显示比例，如放大图形或缩小图形。可用鼠标中键（或滚轮）直接进行缩放。

（3）用户可以应用显示栅格工具使绘图区域上出现可见的网格，它是一个形象的画图工具，就像传统的坐标纸一样。

（4）“极轴追踪”是指按指定的极轴角或极轴角的倍数对其指定点的路径使用极轴追踪功

能，可限制光标按照指定的角度移动。用户在创建或修改对象时，可以使用“极轴追踪”功能显示由指定极轴角度定义的临时对齐路径。

（5）AutoCAD 2010 提供了对象捕捉功能，通过这些工具可轻松地构造出新的几何体，使创建的对象被精确地画出来，其结果比传统手工绘图更精确。

（6）动态输入在光标附近提供了一个命令界面，以帮助用户专注于绘图区域。

（7）AutoCAD 2010 提供了“正交”功能，可以绘制水平直线和垂直直线，当启用正交模式时，画线或移动对象时只能沿水平方向或垂直方向移动光标，因此只能画平行于坐标轴的正交线段。

（8）用户可通过【图层特性管理器】对话框建立新图层，为图层设置线型、颜色、线宽以及其他操作等。

技能训练

1. 训练内容

（1）根据图 4–27 所示，试着说出不同对象捕捉模式对应的含义。

（2）完成表 4–4，填写选中对象捕捉模式选项的含义。

2. 训练目的

（1）能够知道对象捕捉模式的设置。

（2）掌握不同对象捕捉模式的含义。

3. 训练要求

（1）能够说出常用对象捕捉模式的含义。

（2）能够正确选择和应用对象捕捉模式。

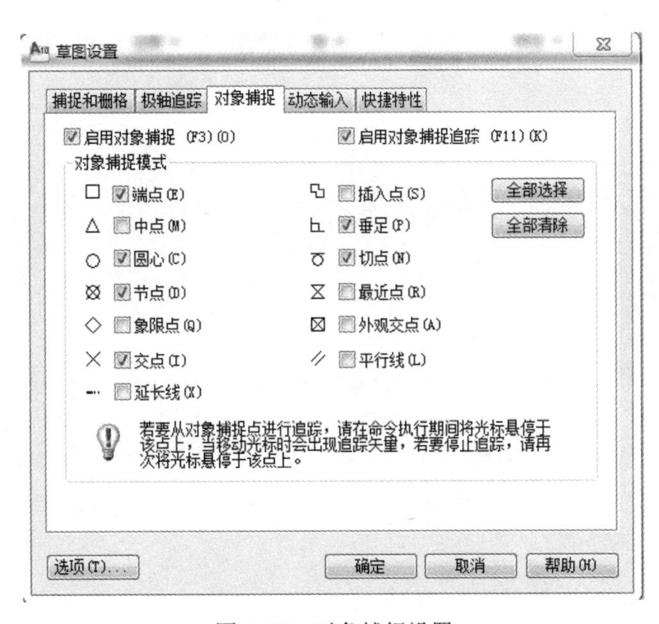

图 4–27　对象捕捉设置

表 4–4　对象捕捉模式选项的含义

序号	选中的对象捕捉模式	含　　义

模块5 绘制图形

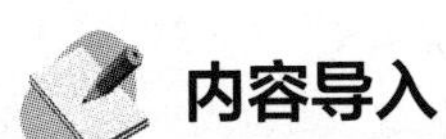

内容导读

点和线类图形绘制命令的使用
多边形图形绘制命令的使用
圆弧形图形绘制命令的使用
创建图案填充以及编辑图案填充的方法

单元1　点与线类图形绘制

内容导入

点作为组成图形实体部分之一，具有各种实体属性，且可以被编辑。而直线绘制包括创建直线段、射线和构造线，虽然都是直线，但在CAD中其绘制方法并不相同。本单元将分别介绍点和线类图形的各自绘制方法。

单元目标

（1）掌握点的绘制方法；
（2）掌握线类图形的绘制方法；
（3）掌握图案填充的方法。

知识内容

一、点命令

1. 功能

创建多个点对象。

点作为组成图形实体部分之一，具有各种实体属性，且可以被编辑。点的作用主要是生成一些参考点，便于作图方便，可快速准确地找到相应的位置。也可用来在多点中生成曲线，进而为生成标准的曲面做准备；还有其他的如捕捉、测量参考等作用。

2. 设置点样式

执行方式：

（1）下拉菜单：【格式】→【点样式】。

（2）命令行：DDPTYPE。

弹出图 5–1 所示的【点样式】对话框，用户可通过该对话框设置自己需要的点样式。

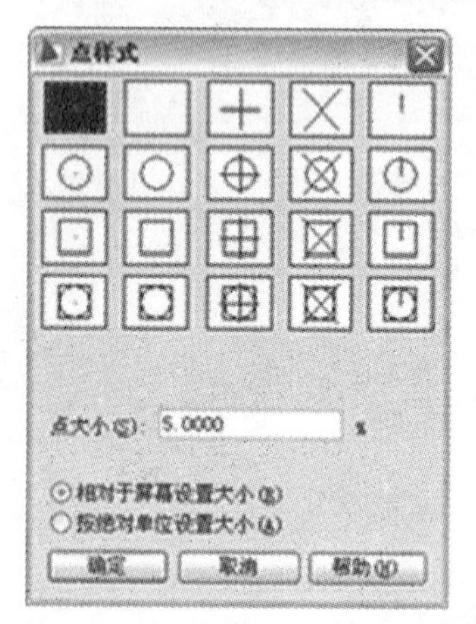

图 5–1 【点样式】设置

此外，还可以利用对话框中的“点大小”选项设置点的大小。

注意：在“点大小”文本框中可输入控制点的大小。

（1）“相对于屏幕设置大小”单选项用于按屏幕尺寸的百分比设置点的显示大小。当进行缩放时，点的显示大小并不改变。

（2）“按绝对单位设置大小”单选项用于按“点大小”下指定的实际单位设置点显示的大小。当进行缩放时，AutoCAD 2010 显示的点的大小随之改变。

3. 绘制点

指创建单个或多个点对象。

执行方式：

（1）菜单栏：【绘图】→【点】→【单点】或【多点】。

（2）工具栏：【绘图】→ → 多点 。

（3）命令行：POINT（PO）。

执行点命令后，命令行提示：

指定点：

//在此提示下确定点的位置，在该位置绘制出相应的点

注意：利用工具栏绘制点，只能绘制多点，不能绘制单点。

4. 绘制定数等分点

指沿对象的长度或周长创建等间隔排列的点对象或块。

执行方式：

（1）菜单栏：【绘图】→【点】→【定数等分（D）】。

（2）工具栏：【绘图】→ → 定数等分 。

（3）命令行：DIVIDE（DIV）。

执行定数等分命令后，命令行提示：

选择要定数等分的对象：　　//选择对应的对象

输入线段数目或[块(B)]：

在此提示下直接输入等分数，即响应默认项，AutoCAD 2010 在指定的对象上绘制出等分点。另外，利用“块（B）”选项可以在等分点处插入块。

定数等分命令是在某一图形上以等分长度设置点或块。被等分的对象可以是直线、圆、圆弧、多段线等，等分数目由用户指定。

5. 绘制定距等分点

指沿对象的长度或周长按指定间隔创建点对象或块。

执行方式：

（1）菜单栏：【绘图】→【点】→【定距等分（M）】。

（2）工具栏：【绘图】→ → 定距等分。

（3）命令行：MEASURE（ME）。

执行定距等分命令后，命令行提示：

选择要定距等分的对象：　　//选择对象

指定线段长度或[块(B)]：

在此提示下直接输入长度值，即执行默认项，AutoCAD 2010 在对象上的对应位置绘制出点。同样，可以利用【点样式】对话框设置所绘制点的样式。如果在“指定线段长度或［块(B)]:”提示下执行“块（B）”选项，则表示将在对象上按指定的长度插入块。

MEASURE 命令用于在所选择对象上用给定的距离设置点。实际是提供了一个测量图形长度，并按指定距离标上标记的命令，或者说它是一个等距绘图命令，与 DIVIDE 命令相比，后者是以给定数目等分所选实体，而 MEASURE 命令则是以指定的距离在所选实体上插入点或块，直到余下部分不足一个间距为止。

注意：进行定距等分时，注意在选择等分对象时应用鼠标左键单击被等分对象的位置。单击位置不同，结果可能不同。

二、直线命令

1. 功能

绘制各种直线，包括水平线、垂直线、任意斜线和以直线为基本元素的矩形、多边形和折线等。

2. 绘制直线段

执行方式：

（1）菜单栏：【绘图】→【直线】。

（2）工具栏：【绘图】→ 。

（3）命令行：LINE（L）。

执行直线命令后，命令行提示：

第一点：　　//确定直线段的起始点

指定下一点或[放弃(U)]：　//确定直线段的另一端点位置，或执行“放弃(U)”选项重新确定起始点

指定下一点或[放弃(U)]：　//可直接按【Enter】键或【Space】键结束命令，或确定直线段的另一端点位置，或执行“放弃(U)”选项取消前一次操作

指定下一点或[闭合(C)/放弃(U)]： //可直接按【Enter】键或【Space】键结束命令，或确定直线段的另一端点位置，或执行“放弃(U)”选项取消前一次操作，或执行“闭合(C)”选项创建封闭多边形

指定下一点或[闭合(C)/放弃(U)]：↙ //也可以继续确定端点位置、执行“放弃(U)”选项、执行“闭合(C)”选项

使用 LINE 命令，可以创建一系列连续的直线段。每条线段均是独立的对象，都可以单独进行编辑。

例：使用直线命令绘制 297 mm×210 mm 的矩形，绘制效果如图 5–2 所示。

命令:LINE

指定第一点: //在绘图区中任意位置拾取一点 1

指定下一点或[放弃(U)]:297 //保持水平位置，在命令行输入 297，绘制直线 12

指定下一点或[放弃(U)]:210 //保持垂直位置，在命令行输入 210，到达点 23

指定下一点或[闭合(C)/放弃(U)]:297 //保持水平位置，在命令行输入 297，到达点 34

指定下一点或[闭合(C)/放弃(U)]:c //选择"闭合"，闭合图形

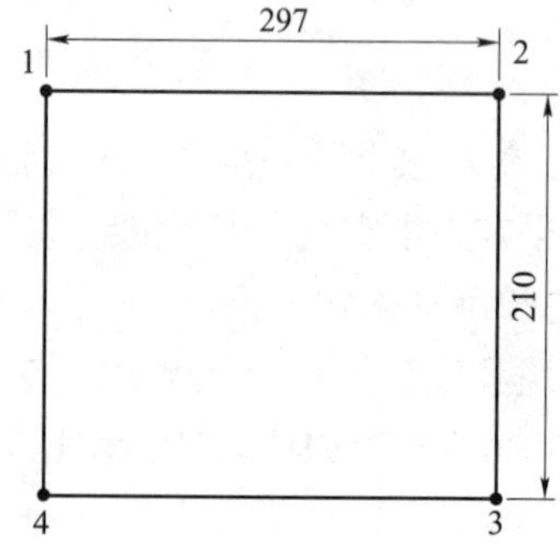

图 5–2 利用直线命令绘制矩形

3. 设置线型样式

AutoCAD 2010 默认的线型只有一种——连续线(Continuous)，也就是实线。ByLayer（随层）和 ByBlock（随块）这两种线型不是真正的线型，而只用于设置当前对象的线型属性指向（即当前对象线型使用对象所在图层中的线型设置或对象所在图块中的线型设置）。但是在真正绘制图形时一种线型是远远不够的，我们需要设置直线的颜色、线型和线宽来完善图形的表示。

（1）设置直线的颜色。

执行方式：

- 菜单栏：【格式】→【颜色】。
- 工具栏：【格式】→ ByLayer。
- 命令行：COLOR。

执行命令后，弹出【选择颜色】对话框，如图 5–3 所示。

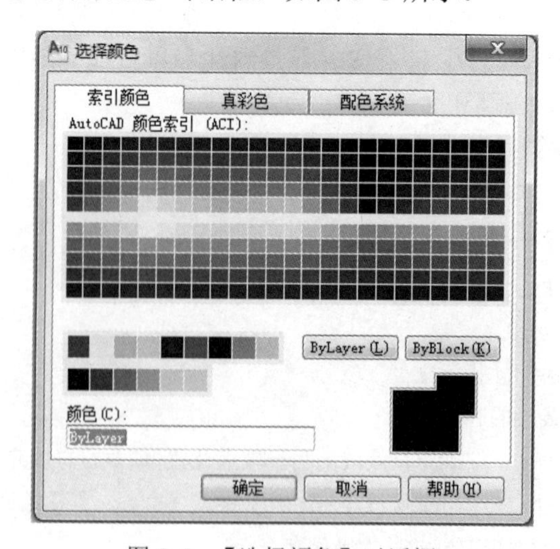

图 5–3 【选择颜色】对话框

其中，【索引颜色】选项卡——使用 255 种 AutoCAD 颜色索引（ACI）颜色指定颜色设置。

【真彩色】选项卡——使用真彩色（24 位颜色）指定颜色设置（使用色调、饱和度和亮度［HSL］颜色模式或红、绿、蓝［RGB］颜色模式）。使用真彩色功能时，可以使用一千六百多万种颜色。【真彩色】选项卡上的可用选项取决于指定的颜色模式（HSL 或 RGB）。

【配色系统】选项卡——使用第三方配色系统（例如 PANTONE®）或用户定义的配色系统指定颜色。选择配色系统后，【配色系统】选项卡将显示选定配色系统的名称。

因此，因按照绘制需要选择相应的颜色。

（2）设置直线的线宽。

执行方式：

- 菜单栏：【格式】→【线宽】。
- 工具栏：【格式】→ ByLayer 。
- 命令行：lweight。

执行命令后，弹出【线宽设置】对话框，如图 5–4 所示。

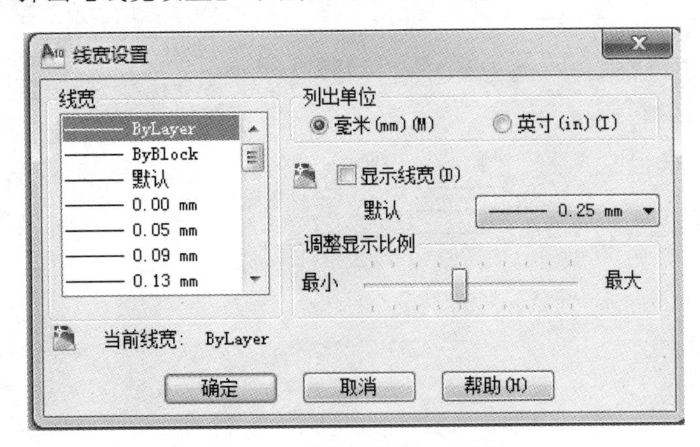

图 5–4　【线宽设置】对话框

可设置当前线宽、设置线宽单位、控制线宽的显示和显示比例，以及设置图层的默认线宽值。对话框中具体设置内容如下：

“线宽”——显示可用线宽值。线宽值由包括“ByLayer”“ByBlock”和“默认”在内的标准设置组成。“默认”值由 LWDEFAULT 系统变量进行设置，初始值为 0.01 英寸或 0.25 毫米。所有新图层中的线宽都使用默认设置。值为 0 的线宽以指定打印设备上可打印的最细线进行打印，在模型空间中则以一个像素的宽度显示。

“当前线宽”——显示当前线宽。要设置当前线宽，请从线宽列表中选择一种线宽，然后单击【确定】按钮。

“列出单位”——指定线宽是以毫米显示还是以英寸显示。

“显示线宽”——控制线宽是否在当前图形中显示。如果选择此选项，线宽将在模型空间和图纸空间中显示。也可以使用 LWDISPLAY 系统变量设置“显示线宽”。当线宽以大于一个像素的宽度显示时，重生成时间会加长。当图形的线宽处于打开状态时，如果发现性能下降，请清除“显示线宽”选项。此选项不影响对象打印的方式。

初始的默认线宽是 0.01 英寸或 0.25 毫米。

“调整显示比例”——控制【模型】选项卡上线宽的显示比例。在【模型】选项卡上，线宽以像素为单位显示。用以显示线宽的像素宽度与打印所用的实际单位数值成比例。如果使用高分辨率的显示器，则可以调整线宽的显示比例，从而更好地显示不同的线宽宽度。“线宽”列表列出了当前线宽显示比例。

对象的线宽以一个以上的像素宽度显示时，可能会增加重生成时间。在【模型】选项卡上操作时，如果要优化性能，请将线宽的显示比例设置为最小值或完全关闭线宽显示。

（3）设置直线的线型。

执行方式：

- 菜单栏：【格】→【线型】。
- 工具栏：【格式】→ ByLayer。
- 命令行：linetype。

执行命令后，弹出【线型管理器】对话框，如图 5–5 所示。

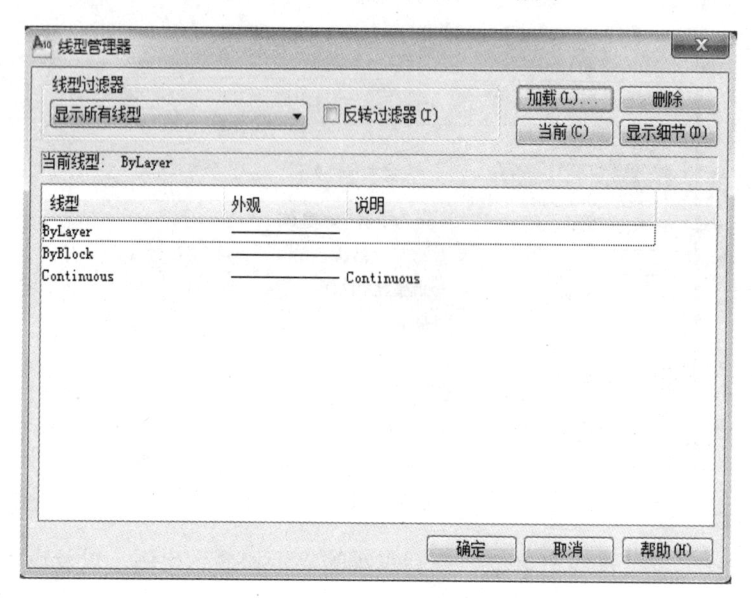

图 5–5 【线型管理器】对话框

“线型过滤器”——确定在线型列表中显示哪些线型。可以根据以下两方面过滤线型：是否依赖外部参照或是否被对象参照。

“反转过滤器”——根据与选定的过滤条件相反的条件显示线型。符合反向过滤条件的线型显示在线型列表中。

“加载”——显示【加载或重载线型】对话框，从中可以将从“acad.lin”文件中选定的线型加载到图形并将它们添加到线型列表。

“当前”——将选定线型设置为当前线型。将当前线型设置为“ByLayer”，意味着对象采用指定给特定图层的线型。将线型设置为“ByBlock”，意味着对象采用 Continuous 线型，直到它被编组为块。不论何时插入块，全部对象都继承该块的线型。该线型名称存储在 CELTYPE 系统变量中。

“删除”——从图形中删除选定的线型。只能删除未使用的线型，不能删除 ByLayer、

ByBlock 和 Continuous 线型。

注意： 如果处理的是共享工程中的图形或是基于一系列图层标准的图形，则删除线型时要特别小心。已删除的线型定义仍存储在“acad.lin”或“acadiso.lin”文件中，可以对其进行重载。

“显示细节”或“隐藏细节”——控制是否显示线型管理器的“详细信息”部分。

“当前线型”——显示当前线型的名称。

“线型”列表——在“线型过滤器”中，根据指定的选项显示已加载的线型。要迅速选定或清除所有线型，请在“线型”列表中单击鼠标右键以显示快捷菜单。

“线型”——显示已加载的线型名称。要重命名线型，请选择线型，然后两次单击该线型并输入新的名称。不能重命名 ByLayer、ByBlock、Continuous 和依赖外部参照的线型。线型名称最多可以包含 255 个字符。线型名称可包含字母、数字、空格和以下特殊字符：美元符号（$）、连字符（-）和下划线（_）。线型名称不能包含以下特殊字符：逗号（,）、冒号（:）、等号（=）、问号（?）、星号（*）、大于号和小于号（>、<）、斜杠和反斜杠（/、\）、竖杠（|）、引号（"）或单引号（`）。

“外观”——显示选定线型的样例。

“说明”——显示线型的说明，可以在“详细信息”区中进行编辑。

三、绘制射线

绘制具有一个确定的起点并沿单方向无限长的直线。射线一般用作辅助线。

执行方式：

- 菜单栏：【绘图】→【射线】。
- 工具栏：【绘图】→。
- 命令行：RAY。

执行射线命令后，命令行提示：

指定起点：　　//确定射线的起始点位置

指定通过点：　　//确定射线通过的任一点，确定后 AutoCAD 2010 绘制出过起点与该点的射线

指定通过点：　　//也可以继续指定通过点，绘制过同一起始点的一系列射线

四、绘制构造线

用于绘制沿两个方向无限长的直线，与射线一样，该线也通常在绘图过程中作为辅助线使用。可以使用无限延伸的线（例如构造线）来创建构造和参考线，并且其可用于修剪边界。

执行方式：

- 菜单栏：【绘图】→【构造线】。
- 工具栏：【绘图】→。
- 命令行：XLINE。

执行构造线命令后，命令行提示：

指定点或[水平(H)/垂直(V)/角度(A)/二等分(B)/偏移(O)]：　　//指定点或输入选项

其中，“指定点”选项用于绘制通过指定两点的构造线。“水平”选项用于绘制通过指定

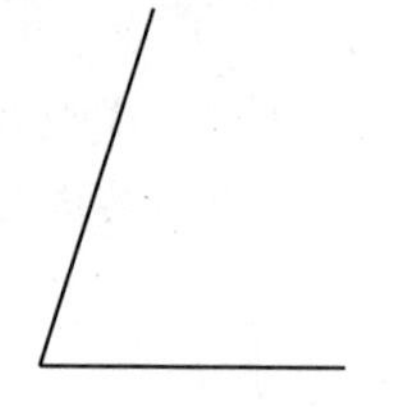

图 5-6　所需绘制的角

点的水平构造线。“垂直”选项用于绘制通过指定点的垂直构造线。“角度”选项用于绘制沿指定方向或与指定直线之间的夹角为指定角度的构造线。“二等分”选项用于绘制平分由指定 3 点所确定的角的构造线。“偏移”选项用于绘制与指定直线平行的构造线。

例：绘制图 5-6 中角的角平分线。

```
命令:XLINE
指定点或[水平(H)/垂直(V)/角度(A)/二等分(B)/偏移(O)]:B
                                  //选择二等分选项
指定角的顶点:                     //选择顶点，即点 1
指定角的起点:                     //选择点 2
指定角的端点:                     //选择点 3
指定角的端点:                     //按【Enter】键结束
```

绘制出的角平分线如图 5-7 所示。

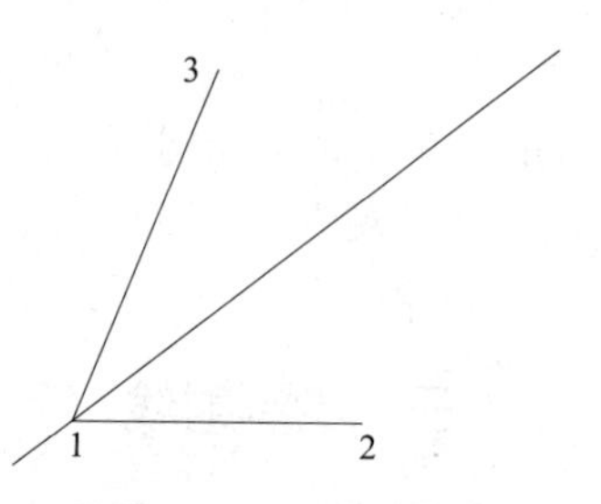

图 5-7　绘制角平分线

五、绘制多段线

多段线是一种由直线段和圆弧组合而成的图形对象，多段线可具有不同线宽。

这种线由于其组合形式多样，线宽可变化，弥补了直线或圆弧功能的不足，适合绘制各种复杂的图形轮廓。在 AutoCAD 2010 中，多段线是一种非常有用的线段组合体，它们既可以一起编辑，也可以分开来编辑。

执行方式：

- 菜单栏：【绘图】→【构造线】。
- 工具栏：【绘图】→ 。
- 命令行：PLINE。

执行多段线命令后，命令行提示：

```
指定起点:                          //在该提示下于绘图区选取一点
当前线宽为 0.0000                  //显示当前线宽,此线宽为默认线宽
指定下一个点或[圆弧(A)/半宽(H)/长度(L)/放弃(U)/宽度(W)]:  //指定点或输入选项
```

其中“圆弧”选项将圆弧段添加到多段线中；“半宽”选项指定从宽多段线线段的中心到其一边的宽度；“长度”选项为在与上一线段相同的角度方向上绘制指定长度的直线段，如果上一线段是圆弧，将绘制与该圆弧段相切的新直线段；“放弃”选项删除最近一次添加到多段线上的直线段；“宽度”选项指定下一条直线段的宽度。

例：使用多段线绘制弧，效果如图 5-8 所示。

```
命令:PLINE
指定起点:                          //在该提示下于绘图区选取一点 1
当前线宽为 0.0000                  //显示当前线宽
指定下一个点或[圆弧(A)/半宽(H)/长度(L)/放弃(U)/宽度(W)]:W
                                   //选择宽度选项,设置多段线线宽
指定起点宽度<0.0000>:20            //设置起点宽度为 20
```

指定端点宽度<20.0000>:20　　　　//设置端点宽度为 20

指定下一个点或[圆弧(A)/半宽(H)/长度(L)/放弃(U)/宽度(W)]:A

　　　　　　　　　　　　　　　　　　　　//选择圆弧选项,绘制弧

指定圆弧的端点或[角度(A)/圆心(CE)/方向(D)/半宽(H)/直线(L)/半径(R)/第二个点(S)/放弃(U)/宽度(W)]:A　　　　//选择角度选项,设置圆弧的角度,输入正数将按逆时针方向创建圆弧段

指定包含角:120　　　　　　　　　　//指定圆弧段的从起点开始的包含角,120°

指定圆弧的端点或[圆心(CE)/半径(R)]:　　//指定圆弧端点 2

指定圆弧的端点或[角度(A)/圆心(CE)/闭合(CL)/方向(D)/半宽(H)/直线(L)/半径(R)/第二个点(S)/放弃(U)/宽度(W)]:　　　　　　　　//按【Enter】键结束

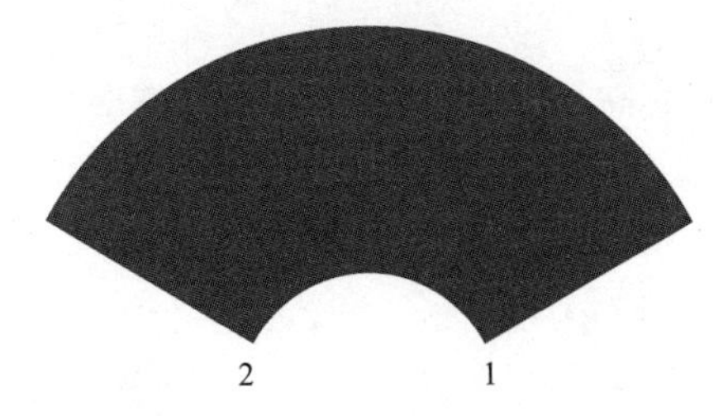

图 5–8　多段线绘制有宽度的弧

单元 2　多边形图形绘制

内容导入

在通信工程制图中，多边形图形常常作为制图中的符号要素。例如正方形、矩形通常作为元件、装置、功能单元基本轮廓线，三角形、菱形通常作为元件、装置、功能单元辅助轮廓线等。

单元目标

（1）掌握矩形图形的绘制方法；

（2）掌握正多边形图形的绘制方法。

知识内容

一、绘制矩形

执行方式：

- 菜单栏：【绘图】→【矩形】。
- 工具栏：【绘图】→ 。
- 命令行：RECTANG（REC）。

执行矩形命令后，命令行提示：

指定第一个角点或[倒角(C)/标高(E)/圆角(F)/厚度(T)/宽度(W)]:

```
                                                                //指定第一角点或输入选项
```

其中“第一个角点”选项为指定矩形的一个角点；“倒角”选项设置矩形的倒角距离；“标高”选项指定矩形的标高；“圆角”选项指定矩形的圆角半径；“厚度”选项指定矩形的厚度；“宽度”选项为要绘制的矩形指定多段线的宽度。

RECTANG 命令以指定两个对角点的方式绘制矩形，当两角点形成的边相同时则生成正方形。

注意：标高和厚度是两个不同的概念。设定标高是指在距基面一定高度的面内绘制矩形，而设定厚度则表示可以绘制出具有一定厚度（给定值）的矩形。

例：绘制矩形，如图 5–2 所示。

```
命令:RECTANG
指定第一个角点或[倒角(C)/标高(E)/圆角(F)/厚度(T)/宽度(W)]:
                                              //在绘图区任意选取一点作为第一角点
指定另一个角点或[面积(A)/尺寸(D)/旋转(R)]:D      //选择“尺寸”选项
指定矩形的长度<10.0000>:297                    //输入所要绘制的矩形长度 297
指定矩形的宽度<10.0000>:210                    //输入所要绘制的矩形宽度 210
指定另一个角点或[面积(A)/尺寸(D)/旋转(R)]:      //在绘图区指定一点作为另一角点
```

二、绘制正多边形

利用正多边形命令可以绘制由 3 到 1 024 条边组成的正多边形。

注意：因为正多边形实际上是多段线，所以不能用“圆心”捕捉方式来捕捉一个已存在的多边形的中心。

执行方式：

- 菜单栏：【绘图】→【正多边形】。
- 工具栏：【绘图】→⬠。
- 命令行：POLYGON（POL）。

执行正多边形命令后，命令行提示：

命令:_polygon 输入边的数目<4>: //输入介于 3 和 1 024 之间的值或按【Enter】键

指定正多边形的中心点或[边(E)]: //默认指定正多边形的中心，即定义正多边形圆心

输入选项[内接于圆(I)/外切于圆(C)]<I>: //“内接于圆”选项指定外接圆的半径，正多边形的所有顶点都在此圆周上，如图 5-9 所示；“外切于圆”选项指定从正多边形圆心到各边中点的距离，如图 5-10 所示。默认内接于圆。

指定圆的半径: //在绘图区中指定点或输入值即可

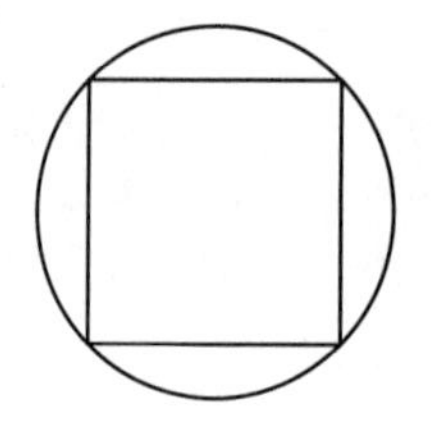

图 5–9　正多边形内接于圆

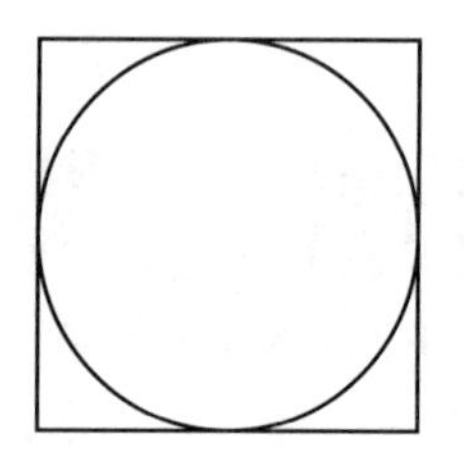

图 5–10　正多边形外切于圆

单元 3　圆弧类图形绘制

内容导入

在通信工程制图中，圆形通常也是制图中的符号要素。圆形常常用来表示接头、端子、孔洞或电杆等；弧形则是很多通用符号的重要组成部分。

单元目标

（1）掌握圆形的绘制方法；

（2）掌握圆弧的绘制方法。

知识内容

一、绘制圆

创建圆，可以指定圆心、半径、直径、圆周上的点和其他对象上的点的不同组合。AutoCAD 2010 提供了 5 种圆形绘制方法。

1. 圆心、半径（直径）绘制圆

执行方式：

- 菜单栏：【绘图】→【圆】→【圆心、半径（R）】|【圆心、直径（D）】。
- 工具栏：【绘图】→ 圆心，半径 | 圆心，直径 。
- 命令行：CIRCLE（C）。

在菜单栏/工具栏直接执行半径（直径）绘制圆命令后，命令行提示：

```
命令：_circle 指定圆的圆心或[三点(3P)/两点(2P)/切点、切点、半径(T)]:
//设定圆心,开始基于圆心和直径(或半径)绘制圆
指定圆的半径或[直径(D)]:50          //输入半径
```

其中“半径”选项定义圆的半径，输入值，或指定点。“直径”选项定义圆的直径。绘制图形如图 5–11 所示。

2. 两点绘制圆

执行方式：

- 菜单栏：【绘图】→【圆】→【两点（2）】。
- 工具栏：【绘图】→ 两点 。

在菜单栏/工具栏直接执行两点绘制圆命令后，命令行提示：

```
命令：_circle 指定圆的圆心或[三点(3P)/两点(2P)/切点、切点、半径(T)]:_2p
指定圆直径的第一个端点：            //在绘图区指定圆直径的第一个端点
指定圆直径的第二个端点：            //在绘图区指定圆直径的第二个端点
```

绘制图形如图 5–12 所示。

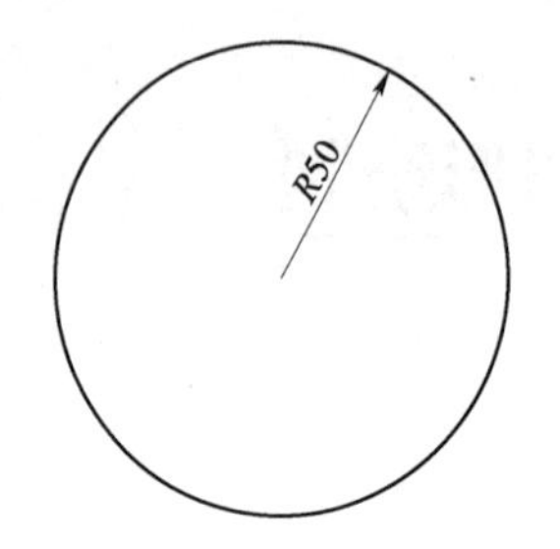

图 5–11　圆心、半径绘制圆

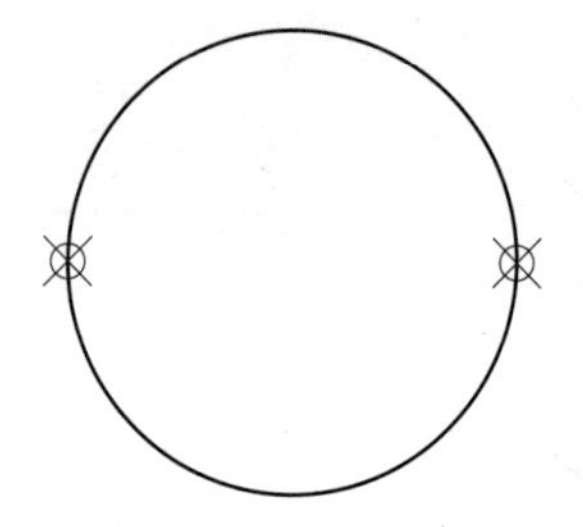

图 5–12　两点绘制圆

3. 三点绘制圆

执行方式：

- 菜单栏：【绘图】→【圆】→【三点（3）】。
- 工具栏：【绘图】→ 。

在菜单栏/工具栏直接执行三点绘制圆命令后，命令行提示：

命令：_circle 指定圆的圆心或[三点(3P)/两点(2P)/切点、切点、半径(T)]：_3p

指定圆上的第一个点：　　　　//在绘图区指定圆上的第一个点

指定圆上的第二个点：　　　　//在绘图区指定圆上的第二个点

指定圆上的第三个点：　　　　//在绘图区指定圆上的第三个点

绘制图形如图 5–13 所示。

4. 相切、相切、半径（TTR）绘制圆

基于指定半径和两个相切对象绘制圆。

执行方式：

- 菜单栏：【绘图】→【圆】→【相切、相切、半径（A）】。
- 工具栏：【绘图】→ 。

在菜单栏/工具栏直接执行 TTR 绘制圆命令后，命令行提示：

命令：_circle 指定圆的圆心或[三点(3P)/两点(2P)/切点、切点、半径(T)]：_ttr

指定对象与圆的第一个切点：　　　　//选择圆、圆弧或直线

指定对象与圆的第二个切点：　　　　//选择圆、圆弧或直线

指定圆的半径<10.431 6>:5　　　　//给定半径值为 5

绘制图形如图 5–14 所示。

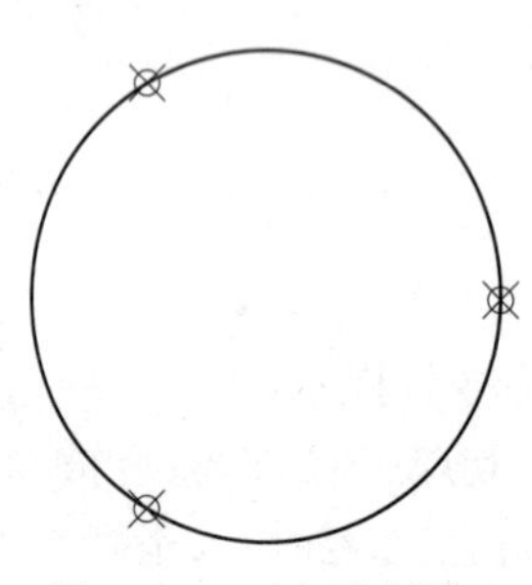

图 5–13　三点绘制圆

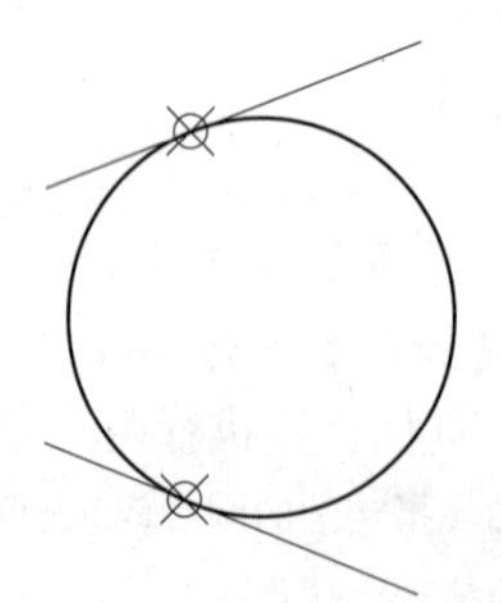

图 5–14　相切、相切、半径绘制圆

5. TTT（相切、相切、相切）绘制圆

基于指定三个相切对象绘制圆。

执行方式：

- 菜单栏：【绘图】→【圆】→【相切、相切、相切（T）】。
- 工具栏：【绘图】→ 相切，相切，相切。

在菜单栏/工具栏直接执行 TTT 绘制圆命令后，命令行提示：

命令：_circle 指定圆的圆心或[三点(3P)/两点(2P)/切点、切点、半径(T)]：_3p 指定圆上的第一个点：_tan 到　　//指定对象与圆的第一个切点

指定圆上的第二个点：_tan 到　　//指定对象与圆的第二个切点

指定圆上的第三个点：_tan 到　　//指定对象与圆的第三个切点

绘制图形如图 5–15 所示。

有时会有多个圆符合指定的条件。程序将绘制具有指定半径的圆，其切点与选定点的距离最近。

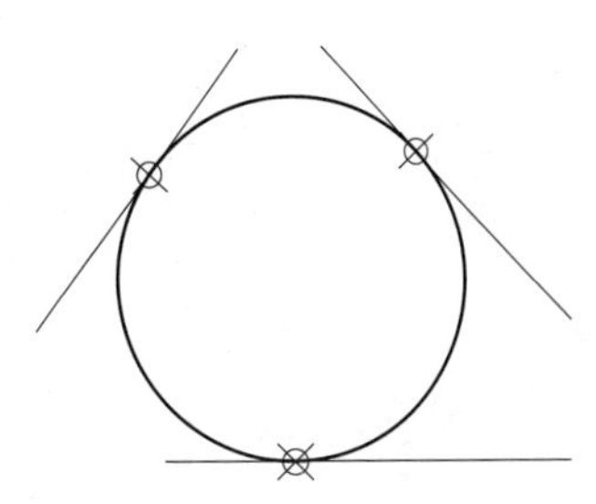

图 5–15　相切、相切、相切绘制圆

二、绘制圆弧

AutoCAD 2010 绘制圆弧的方法很多，共有 11 种，如图 5–16 所示，所有方法都是由起点、方向、中点、包角、端点、弦长等参数来确定绘制的。

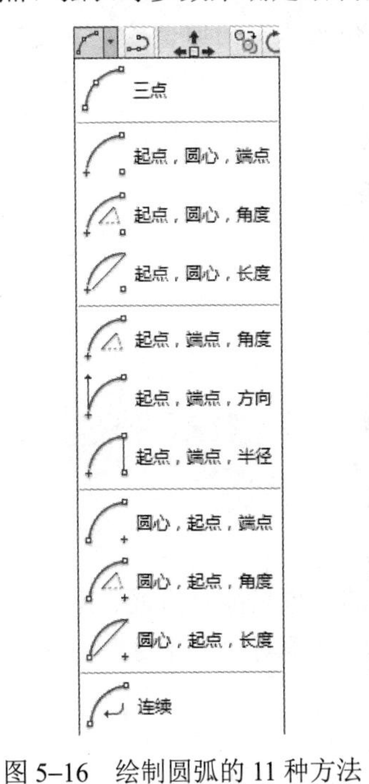

图 5–16　绘制圆弧的 11 种方法

执行方式：

- 菜单栏：【绘图】→【圆弧】。
- 工具栏：【绘图】→ 。
- 命令行：ARC（A）。

具体绘制圆弧的方法如下：

（1）三点：通过指定不在一条直线上的任意三点来画一段圆弧。

（2）起点、圆心、端点：以指定圆弧的起点、圆心及端点来绘制圆弧。

（3）起点、圆心、角度：以指定圆弧的起点、圆心及包含角度来绘制圆弧。

（4）起点、圆心、长度：以指定圆弧的起点、圆心及弦长来绘制圆弧。

（5）起点、端点、角度：以指定圆弧的起点、端点及圆心角来绘制圆弧。

（6）起点、端点、方向：以指定圆弧的起点、端点及起点切线方向来绘制圆弧。

（7）起点、端点、半径：以指定圆弧的起点、端点及半径来绘制圆弧。

（8）圆心、起点、端点：以指定圆弧的圆心、起点及端点来绘制圆弧。

（9）圆心、起点、角度：以指定圆弧的圆心、起点及角度来绘制圆弧。

（10）圆心、起点、长度：以指定圆弧的圆心、起点及弦长来绘制圆弧。

（11）继续：选择该选项，可从一段已有的弧开始画弧，此时所画的弧与已有圆弧沿切线方向相接。

例：用起点、圆心、端点的方法画弧，效果如图 5–17 所示。

命令：ARC

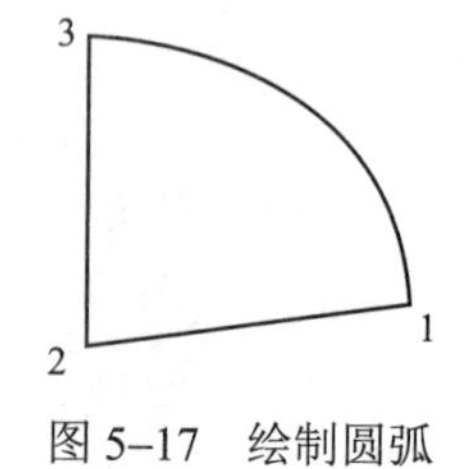

图 5–17　绘制圆弧

```
指定弧的起点或[圆心(C)]:                      //选取起点 1
指定弧的第二点或[圆心(C)/端点(E)]:C            //输入“圆心”选项
指定弧的圆心:                                 //选取圆心 2
指定弧的端点或[角度(A)/弦长(L)]:               //选取端点 3,即绘制圆弧 31
```

绘制的圆弧如图 5–17 所示。

思考：还有没有其他命令可以绘制圆弧？

单元 4　图案填充

内容导入

图案填充是一种使用指定线条图案来充满指定区域的图形对象，常常用于通信器件符号、光（电）缆敷设符号和通信管道符号等，被广泛应用在绘制通信工程图纸中。例如，光（电）缆敷设中绘制架空杆路时，图案填充用于表达新立杆路，有时也使用不同的图案填充来表达不同的材料。

单元目标

（1）掌握图案填充的方法；

（2）掌握图案填充命令的使用。

知识内容

一、基本概念

在运用图案填充命令时，会涉及以下概念。

1. 图案边界

当进行图案填充时，首先要确定填充图案的边界。定义边界的对象只能是直线、双向射线、单向射线、多段线、样条曲线、圆、圆弧、椭圆、椭圆弧、面域等对象或用这些对象定义的块，而且作为边界的对象在当前屏幕上必须全部可见。

2. 孤岛

在进行图案填充时，把内部闭合边界称为孤岛。在用 BHATCH 命令填充时，AutoCAD 2010 允许用户以拾取点的方式确定填充边界，即在希望填充的区域内任意拾取一点，AutoCAD 2010 会自动确定出填充边界，同时也确定该边界内的孤岛。如果用户是以选择对象的方式确定填充边界的，则必须确切地拾取这些孤岛。

二、创建图案填充

可以使用预定义填充图案填充区域、使用当前线型定义简单的线图案，也可以创建更复杂的填充图案，还可以创建渐变填充。渐变填充在一种颜色的不同灰度之间或两种颜色之间使用转场。渐变填充提供光源反射到对象上的外观，可用于增强演示图形。

执行方式：

- 菜单栏：【绘图】→【图案填充】。
- 工具栏：【绘图】→。
- 命令行：BHATCH（h）。

执行图案填充命令后，弹出对话框如图 5-18 所示。

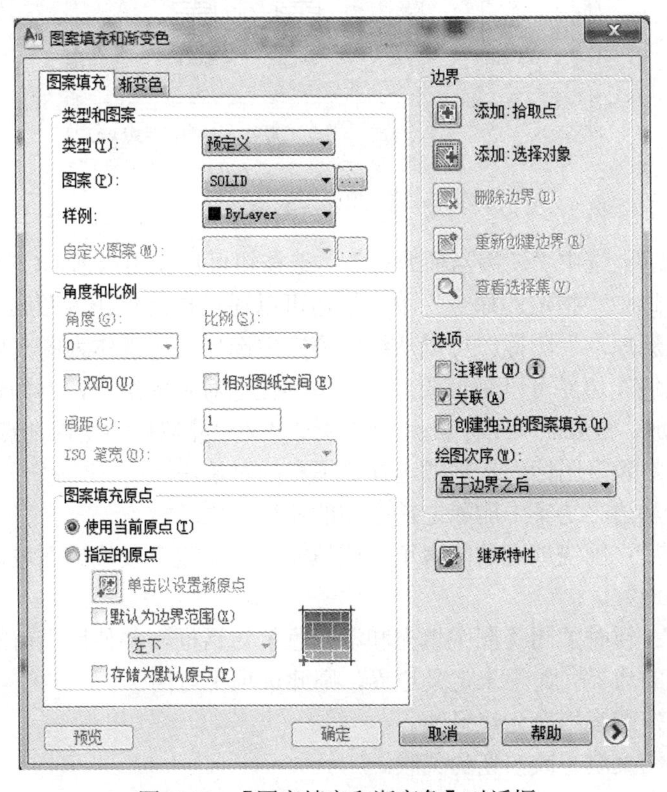

图 5-18　【图案填充和渐变色】对话框

在【图案填充和渐变色】对话框中的【图案填充】选项卡中，用户可以设置图案填充的类型和图案、角度、比例等内容。主要选项的含义如下。

“类型”：用于填充图案的类型，软件提供预定义、用户定义和自定义三种类型。

“图案”：用于选择要填充的图案。预定义类型，下拉菜单为图案名称，单击按钮，提供填充图案，如图 5-19 所示。

“样例”：显示所选填充图案的缩略图。

“角度”：设置填充图案的填充角度。

“比例”：设置填充图案的填充比例。

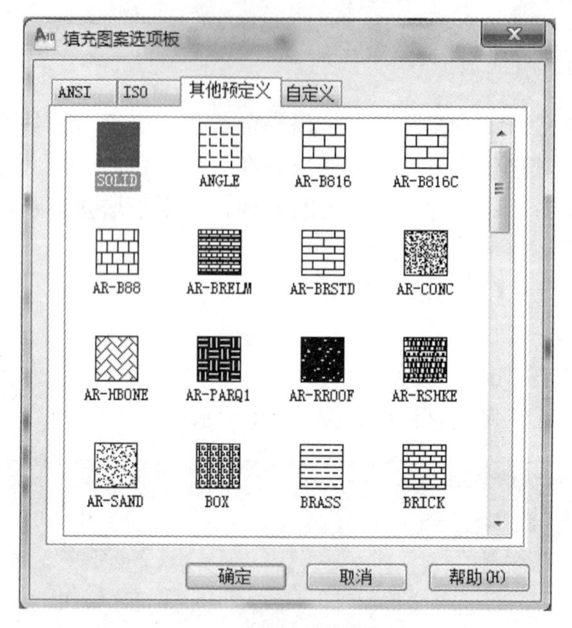

图 5–19　填充图案选项板

“图案填充原点”：选中“使用当前原点”单选按钮可以使用当前 UCS 的原点（0，0）作为图案填充原点；选中“指定的原点”单选按钮可以通过指定点作为图案填充原点。其中，单击“单击以设置新原点”图标，可以从绘图窗口中选择某一点作为图案填充原点。

“边界”：图案填充边界可以是形成封闭区域的任意对象的组合，例如直线、圆弧、圆和多段线。单击“添加：拾取点”图标表示需要通过定义边界然后指定内部点来创建图案填充；单击“添加：选择对象”图标表示需要选择要填充的对象。

“删除边界”：从边界定义中删除之前添加的任何对象。

“重新创建边界”：围绕选定的图案填充或填充对象创建多段线或面域，并使其与图案填充对象相关联（可选）。

“查看选择集”：暂时关闭【图案填充和渐变色】对话框，并使用当前的图案填充或填充设置显示当前定义的边界。如果未定义边界，则此选项不可用。

“注释性”：指定图案填充为注释性。

“关联”：控制图案填充或填充的关联。

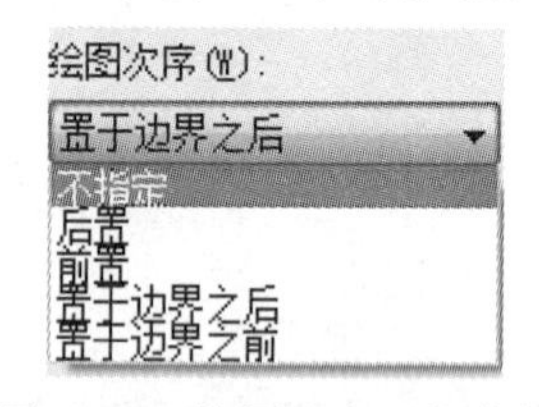

图 5–20　绘图次序下拉菜单

“创建独立的图案填充”：控制当指定了几个单独的闭合边界时，是创建单个图案填充对象，还是创建多个图案填充对象。

“绘图次序”：为图案填充指定次序。下拉菜单如图 5–20 所示。图案填充可以不指定次序、放在所有其他对象之后、所有其他对象之前、图案填充边界之后或图案填充边界之前，分别对应下拉菜单中的“不指定”“后置”“前置”“置于边界之后”和“置于边界之前”。

注意：*以普通方式填充时，如果填充边界内有诸如文字、属性这样的特殊对象，且在选择填充边界时也选择了它们，填充时图案填充在这些对象处会自动断开，就像用一个比它们略大的看不见的框保护起来一样，以使这些对象更加清晰。*

在 AutoCAD 2010 中，用户可以使用【图案填充和渐变色】对话框中的【渐变色】选项卡创建一种或两种颜色形成的渐变色，并对图形进行填充。【图案填充和渐变色】对话框中的【渐变色】选项卡界面如图 5–21 所示。

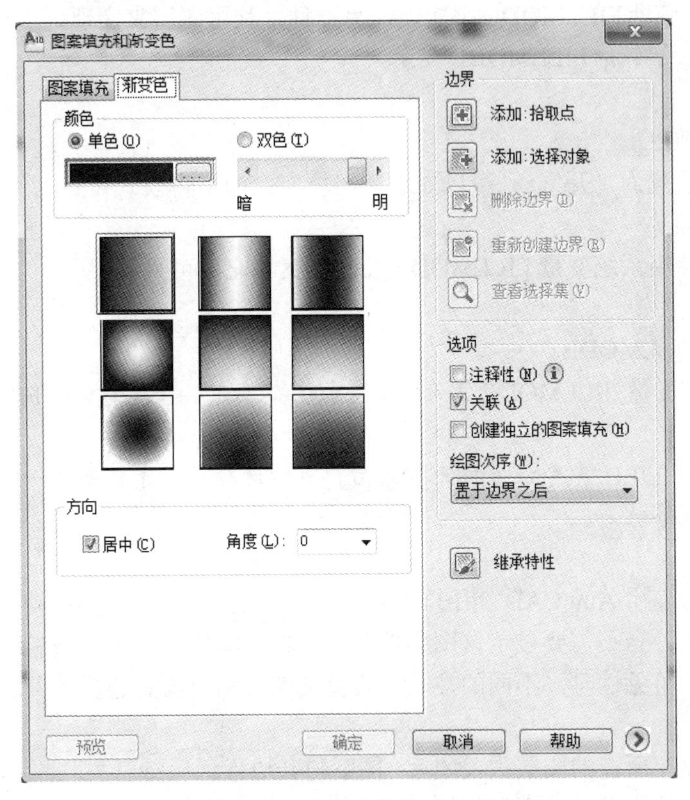

图 5–21　【渐变色】选项卡

渐变填充是在一种颜色的不同灰度之间或两种颜色之间创建过渡。

注意：*在 AutoCAD 2010 中，尽管可以使用渐变色来填充图形，但该渐变色最多只能由两种颜色创建。*

三、编辑图案填充

可以利用编辑图案填充命令对图案填充效果或对象范围进行编辑，修改现有的图案填充或填充对象，还可以修改实体填充区域，使用的方法取决于实体填充区域是实体图案、二维实面，还是宽多段线或圆环。还可以修改图案填充的绘制顺序。

执行方式：

- 菜单栏：【修改】→【对象】→【图案填充】。
- 工具栏：【修改】→ 。
- 命令行：HATCHEDIT。

执行编辑图案填充命令后，弹出对话框如图 5–18 所示，编辑图案填充方法与创建图案填充方法类似。

四、控制图案填充的可见性

图案填充的可见性是可以控制的。可以用两种方法来控制图案填充的可见性，一种是用命令 FILL 或系统变量 FILLMODE 来实现，另一种是利用图层来实现。

1. 使用 FILL 命令和 FILLMODE 变量

执行方式：

- 命令行：FILL。

如果将模式设置为“开”，则可以显示图案填充；如果将模式设置为“关”，则不显示图案填充。

用户也可以使用系统变量 FILLMODE 控制图案填充的可见性。

执行方式：

- 命令行：FILLMODE。

其中，当系统变量 FILLMODE 为 0 时，隐藏图案填充；当系统变量 FILLMODE 为 1 时，显示图案填充。

注意：在使用 FILL 命令设置填充模式后，可以选择菜单【视图】→【重生成】命令，重新生成图形以观察效果。

2. 用图层控制

对于能够熟练使用 AutoCAD 2010 的用户来说，应该充分利用图层功能，将图案填充单独放在一个图层上。当不需要显示该图案填充时，将图案所在层关闭或者冻结即可。使用图层控制图案填充的可见性时，不同的控制方式会使图案填充与其边界的关联关系发生变化，其特点如下：

（1）当图案填充所在的图层被关闭后，图案与其边界仍保持着关联关系。即修改边界后，填充图案会根据新的边界自动调整位置。

（2）当图案填充所在的图层被冻结后，图案与其边界脱离关联关系。即边界修改后，填充图案不会根据新的边界自动调整位置。

（3）当图案填充所在的图层被锁定后，图案与其边界脱离关联关系。即边界修改后，填充图案不会根据新的边界自动调整位置。

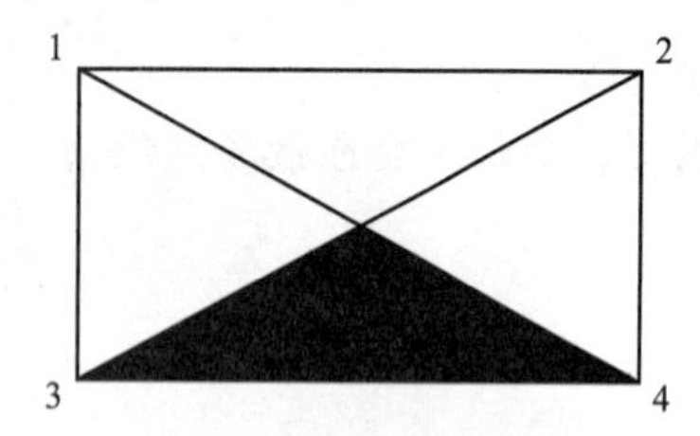

图 5–22　落地式交接箱符号

例：绘制落地式交接箱符号，效果如图 5–22 所示。

命令:RECTANG　　//执行绘制矩形命令

指定第一个角点或[倒角(C)/标高(E)/圆角(F)/厚度(T)/宽度(W)]：　//在绘图区指定 1 点作为矩形第一角点

指定另一个角点或[面积(A)/尺寸(D)/旋转(R)]：　//在绘图区指定 4 点作为矩形的第二角点

命令:LINE　　//执行绘制直线命令,绘制对角线 14

指定第一点:　　//在绘图区指定 1 点作为第一点

指定下一点或[放弃(U)]:　　//在绘图区指定 3 点作为下一点

指定下一点或[放弃(U)]:指定下一点或[放弃(U)]://按【Enter】键结束

命令:LINE　　//执行绘制直线命令,绘制对角线 23

指定第一点：　　　　　　　　　　　//在绘图区指定 2 点作为第一点

指定下一点或[放弃(U)]：　　　　　//在绘图区指定 3 点作为下一点

指定下一点或[放弃(U)]:指定下一点或[放弃(U)]://按【Enter】键结束

命令:BHATCH　　　　　　　　　　//执行图案填充命令,弹出对话框如图 5-18 所示

根据要求选择“类型”为“预定义”，“图案”为“SOLID”，“样例”为“黑”，如图 5–23 所示。接着在边界中选择“添加：拾取点”选项。

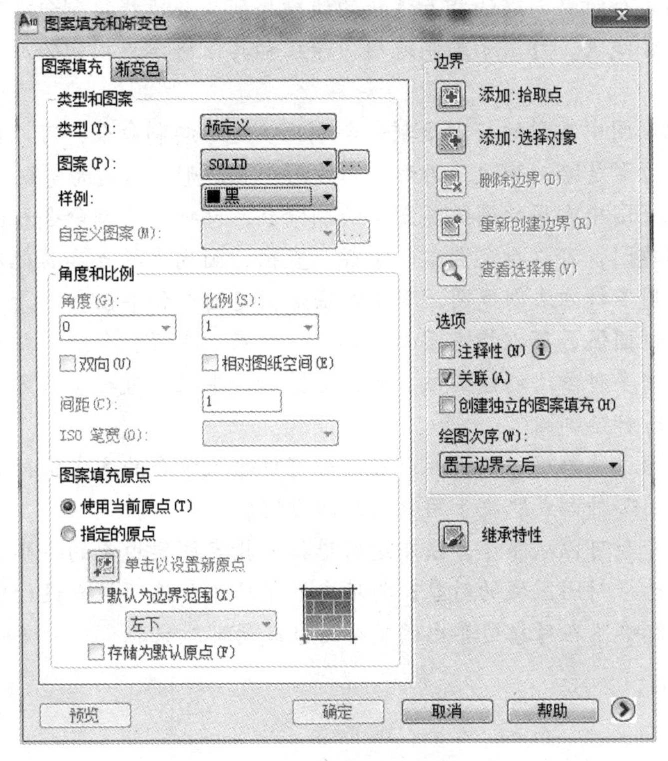

图 5–23　图案填充设置

拾取内部点或[选择对象(S)/删除边界(B)]: 正在选择所有对象...　//在需要填充的形状内部任意拾取一点

正在选择所有可见对象...

正在分析所选数据...

正在分析内部孤岛...

拾取内部点或[选择对象(S)/删除边界(B)]：　//按【Enter】键后,弹出对话框如图 5-23 所示,单击【确定】按钮,即完成图案填充

小结

（1）点绘制命令，包括单点、多点、定数等分和定距等分，作为节点或参照几何图形的点对象对于对象捕捉和相对偏移非常有用，可以通过设置【点样式】中的“相对于屏幕”或“绝对单位”选项来设置点的样式和大小。

（2）通信工程制图中常用的线类命令，包括直线绘制命令、射线绘制命令、构造线绘制

命令和多段线绘制命令。

直线绘制命令可以闭合一系列直线段，将第一条线段和最后一条线段连接起来。也可以指定直线的特性，包括颜色、线型和线宽。

射线绘制命令和构造线绘制命令用于绘制向一个或两个方向无限延伸的直线（分别称为射线和构造线），可用作创建其他对象的参照。例如，可以用构造线查找三角形的中心、准备同一个项目的多个视图或创建临时交点用于对象捕捉。

多段线是作为单个对象创建的相互连接的线段序列。多段线绘制命令可以创建直线段、圆弧段或两者的组合线段。可用于绘制地形、等压和其他科学应用的轮廓素线、流程图和布管图等。

（3）通信工程制图中常用的矩形绘制命令和正多边形绘制命令，可以快速创建矩形和规则多边形，创建多边形是绘制等边三角形、正方形、五边形、六边形等的简单方法。

（4）通信工程制图中常用的圆弧类图形绘制命令，包括圆绘制命令和圆弧绘制命令。

圆绘制命令创建圆，可以指定圆心、半径、直径、圆周上的点和其他对象上的点的不同组合形式，可以使用多种方法创建圆，默认方法是指定圆心和半径。

圆弧类命令绘制圆弧，可以指定圆心、端点、起点、半径、角度、弦长和方向值的各种组合形式。可以使用多种方法创建圆弧。除指定圆心、半径（直径）的方法外，其他方法都是从起点到端点逆时针绘制圆弧。

（5）用户可以通过菜单栏、工具栏或在命令窗口输入命令的方式执行 AutoCAD 2010 的绘图命令，具体采用哪种方式取决于用户的绘图习惯。

（6）图案填充命令可以从多个方法中进行选择以指定图案填充的边界。包括指定对象封闭的区域中的点；选择封闭区域的对象；将填充图案从工具选项板或设计中心拖动到封闭区域。填充图形时，忽略不在对象边界内的整个对象或局部对象。

技能训练

1. 训练内容

（1）认识常见通信工程制图图例及所代表的含义。

（2）利用 AutoCAD 2010 绘图命令，绘制图 5–24～图 5–27。

2. 训练目的

（1）认识并应用常用的通信工程制图图例。

（2）运用 AutoCAD 2010 命令绘制图 5–24～图 5–27。

图 5–24　交流发电机

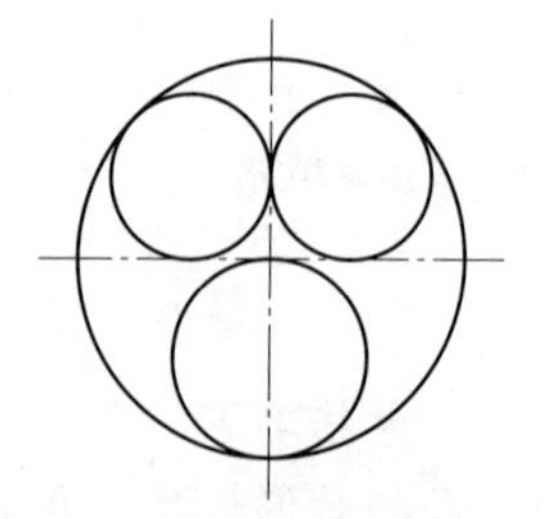

图 5–25　通信管道子管布放剖面图

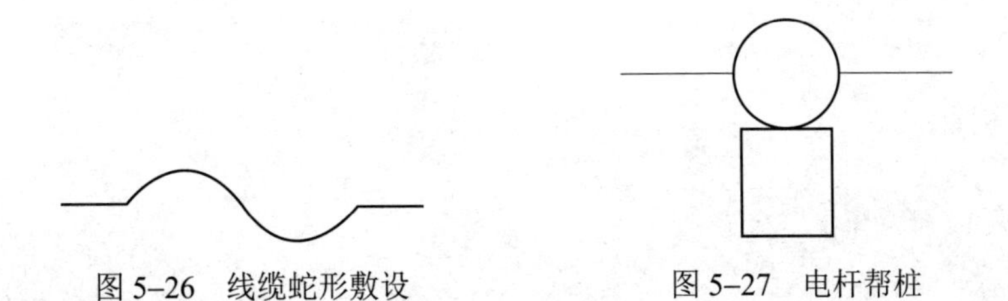

图 5–26　线缆蛇形敷设　　　　图 5–27　电杆帮桩

3. 训练要求

（1）能够熟悉常用的通信工程制图图例，明确常用图例的表示含义。

（2）能够熟练使用 AutoCAD 2010 软件绘制图形。

模块6 修改图形

内容导读

删除与恢复类命令的使用
移动复制类命令的使用
图形变形类命令的使用

单元1　删除与恢复类功能

内容导入

在绘图中，往往需要对已绘制的图形对象进行删除、复制等编辑操作，以符合设计要求。编辑图形是AutoCAD 2010对绘制好的图形进行修改或者更新的基本步骤，AutoCAD 2010提供了多种编辑命令以供使用。本单元将分别介绍删除与恢复类命令的使用方法。

单元目标

（1）掌握点的绘制及编辑方法；
（2）掌握线类图形的绘制。

知识内容

一、删除对象

删除指定的对象，就像是用橡皮擦除图纸上不需要的内容一样。

命令：ERASE

单击【修改】工具栏上的 （删除）按钮，或选择【修改】选项卡的【删除】命令，即执行 ERASE 命令后，命令行提示：

选择对象：选择要删除的对象，单击鼠标右键或者键盘回车键确定删除。

例：删除图 6–1（a）中红色的直线。

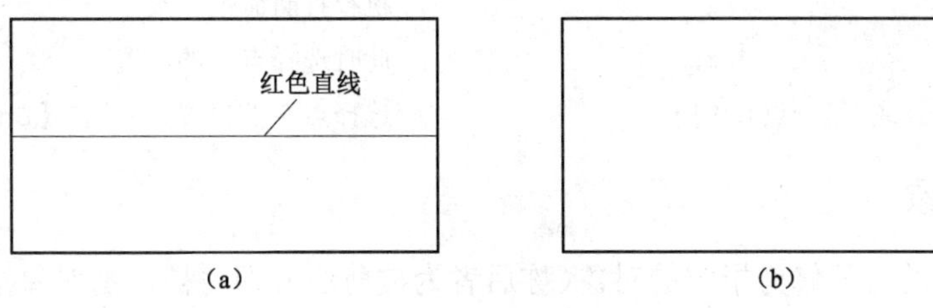

图 6–1　删除对象

（a）原图；（b）删除后的效果图

```
命令:ERASE                      //执行删除命令
选择对象:找到 1 个              //选中要删除的红色直线,按【Enter】键确认
选择对象:                       //删除红色直线,如图 6-1(b)所示
```

二、打断对象

从指定的点处将对象分成两部分，或删除对象上所指定两点之间的部分。

命令：BREAK

选择【修改】→【打断于点】命令，即执行 BREAK 命令后，命令行提示：

指定第二个打断点或[第一点(F)]：

1. 指定第二个打断点

此时 AutoCAD 2010 以用户选择对象时的拾取点作为第一断点，并要求确定第二断点。用户可以有以下选择：

如果直接在对象上的另一点处单击拾取键，AutoCAD 2010 将对象上位于两拾取点之间的对象删除掉。

如果输入符号“@”后按【Enter】键或【Space】键，AutoCAD 2010 在选择对象时的拾取点处将对象一分为二。

如果在对象的一端之外任意拾取一点，AutoCAD 2010 将位于两拾取点之间的那段对象删除掉。

2. 第一点（F）

重新确定第一断点。执行该选项后，命令行提示：

```
指定第一个打断点:     //重新确定第一断点
指定第二个打断点:
```

在此提示下，可以按前面介绍的三种方法确定第二断点。

例：将图 6–2（a）使用打断命令编辑为直通型人孔，如图 6–2（b）所示。

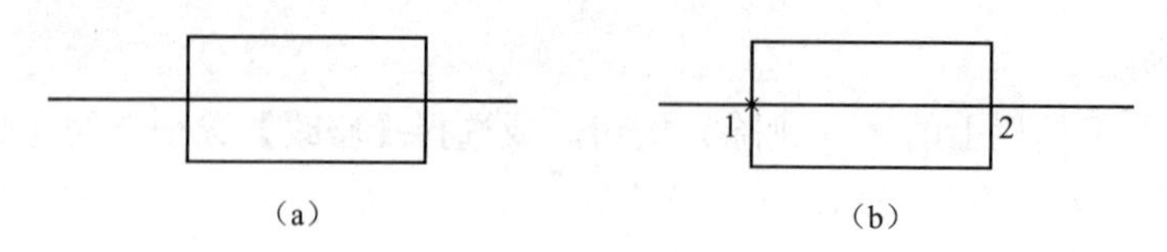

（a）　　（b）

图 6–2　打断命令

（a）原图；（b）直通型人孔

```
命令:BREAK                                  //执行打断命令
选择对象:                                    //此时选择点 1 的位置
指定第二个打断点或[第一点(F)]:                 //选择点 2 的位置,然后按【Enter】键确认
```

三、修剪对象

用作为剪切边的对象修剪指定的对象(称后者为被剪边),即将被修剪对象沿修剪边界(即剪切边）断开，并删除位于剪切边一侧或位于两条剪切边之间的部分。

命令：TRIM

单击【修改】工具栏上的（修剪）按钮，或选择【修改】→【修剪】命令，即执行 TRIM 命令后，命令行提示：

```
选择剪切边
选择对象或<全部选择>://选择作为剪切边的对象,按【Enter】键选择全部对象
选择对象://还可以继续选择对象
选择要修剪的对象,或按住【Shift】键选择要延伸的对象,或[栏选(F)/窗交(C)/投影(P)/边(E)/删除(R)/放弃(U)]:
```

1. 选择要修剪的对象，或按住【Shift】键选择要延伸的对象

在上面的提示下选择被修剪对象，AutoCAD 2010 会以剪切边为边界，将被修剪对象上位于拾取点一侧的多余部分或将位于两条剪切边之间的部分剪切掉。如果被修剪对象没有与剪切边相交，在该提示下按下【Shift】键后选择对应的对象，AutoCAD 2010 则会将其延伸到剪切边。

2. 栏选（F）

以栏选方式确定被修剪对象。

3. 窗交（C）

使与选择窗口边界相交的对象作为被修剪对象。

4. 投影（P）

确定执行修剪操作的空间。

5. 边（E）

确定剪切边的隐含延伸模式。

6. 删除（R）

删除指定的对象。

7. 放弃（U）

取消上一次的操作。

例：在图 6–3（a）的基础上，利用修剪命令，绘制光（电）缆的蛇形敷设图例，如图 6–3（b）所示。

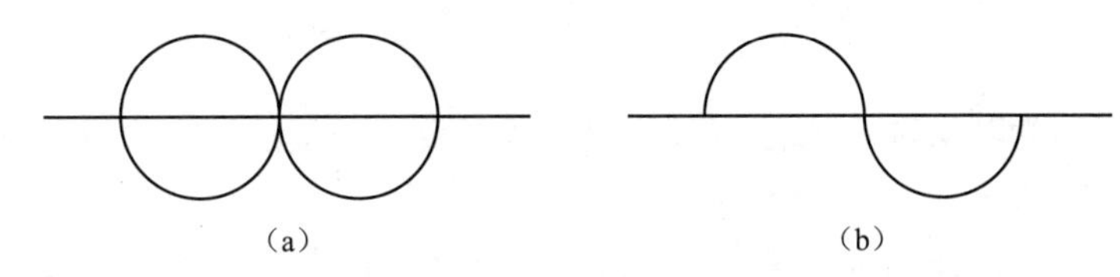

图 6–3　修剪对象

（a）原图；（b）光（电）缆的蛇形敷设

命令:TRIM　　//执行修剪命令

当前设置:投影=UCS,边=无

选择剪切边...

选择对象或<全部选择>:指定对角点:找到 3 个　　//选中图 6–3(a)中 3 个对象

选择对象:　　//选择对象完毕,按【Enter】键确认

选择要修剪的对象,或按住【Shift】键选择要延伸的对象,或[栏选(F)/窗交(C)/投影(P)/边(E)/删除(R)/放弃(U)]:　　//单击第一个圆的下半部分

选择要修剪的对象,或按住【Shift】键选择要延伸的对象,或[栏选(F)/窗交(C)/投影(P)/边(E)/删除(R)/放弃(U)]:　　//单击第二个圆的上半部分

选择要修剪的对象,或按住【Shift】键选择要延伸的对象,或[栏选(F)/窗交(C)/投影(P)/边(E)/删除(R)/放弃(U)]:　　//按【Enter】键,结束修剪

单元 2　移动复制类功能

内容导入

编辑图形过程中，往往需要对已绘制好的图形对象进行移动，或者对图形对象进行重复绘制，这时可使用移动复制类命令就可对其进行编辑。移动复制类命令的使用将大大提升制图的灵活性。本单元将分别介绍移动、复制、偏移和镜像等编辑命令的使用方法。

单元目标

掌握移动、复制、偏移和镜像等编辑命令的使用方法。

知识内容

一、移动对象

移动对象指将选定的对象复制到指定位置。

命令：MOVE

单击【修改】工具栏上的（移动）按钮，或选择【修改】→【移动】命令，即执行 MOVE 命令后，命令行提示：

指定基点或[位移(D)]<位移>:

1. 指定基点

确定移动基点，为默认项。执行该默认项，即指定移动基点后，命令行提示：

指定第二个点或<使用第一个点作为位移>:

在此提示下指定一点作为位移第二点，或直接按【Enter】键或【Space】键，将第一点的各坐标分量（也可以看成为位移量）作为移动位移量移动对象。

2. 位移（D）

根据位移量移动对象。执行该选项后，命令行提示：

指定位移:

如果在此提示下输入坐标值（直角坐标或极坐标），AutoCAD 2010 将所选择对象按与各坐标值对应的坐标分量作为移动位移量移动对象。

例：将图 6–4（a）中的圆移动至图 6–4（b）所示的位置。

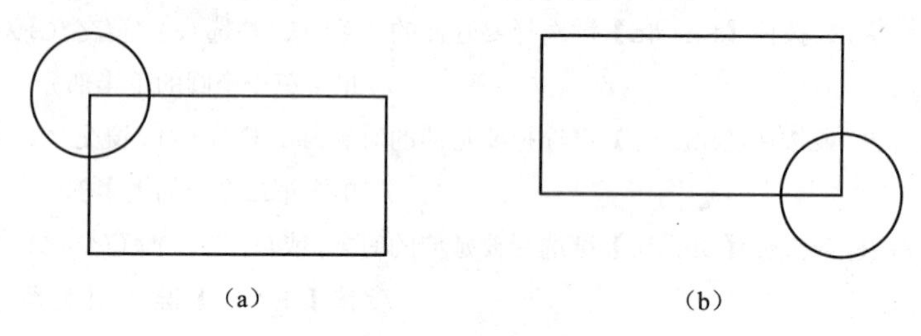

图 6–4　移动对象

(a) 原图；(b) 移动后的效果图

```
命令:MOVE                          //执行移动命令
选择对象:找到 1 个                  //选中图 6-4(a)中需要偏移的圆形
选择对象:                          //选择完毕,确定
指定基点或[位移(D)]<位移>:指定第二个点或<使用第一个点作为位移>:
                                   //选择圆心作为基点,将基点移至矩形右下角的位置
```

二、复制对象

复制对象指将选定的对象复制到指定位置。

命令：COPY

单击【修改】工具栏上的 （复制）按钮，或选择【修改】→【复制】命令，即执行 COPY 命令后，命令行提示：

```
选择对象:     //选择要复制的对象
选择对象:↙      //也可以继续选择对象
指定基点或[位移(D)/模式(O)]<位移>:
```

1. 指定基点

确定复制基点，为默认项。执行该默认项，即指定复制基点后，命令行提示：

指定第二个点或<使用第一个点作为位移>:

在此提示下再确定一点，AutoCAD 2010 将所选择对象按由两定确定的位移矢量复制到指定位置；如果在该提示下直接按【Enter】键或【Space】键，AutoCAD 2010 将第一点的各坐标分量作为位移量复制对象。

2. 位移（D）

根据位移量复制对象。执行该选项后，命令行提示：

指定位移：

如果在此提示下输入坐标值（直角坐标或极坐标），AutoCAD 2010 将所选择对象按与各坐标值对应的坐标分量作为位移量复制对象。

3. 模式（O）

确定复制模式。执行该选项后，命令行提示：

输入复制模式选项[单个(S)/多个(M)]<多个>:

其中，“单个（S）”选项表示执行 COPY 命令后只能对选择的对象执行一次复制，而“多个（M）”选项表示可以多次复制，AutoCAD 2010 默认为“多个（M）”。

例：将图 6–5（a）中的圆复制到右侧且相切，如图 6–5（b）所示。

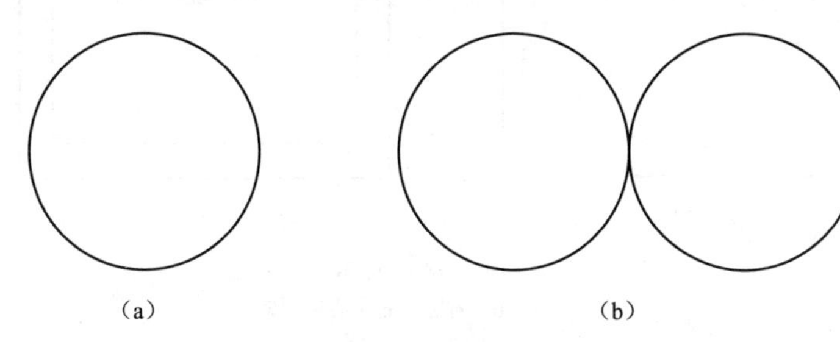

图 6–5　复制对象

（a）原图；（b）复制后的效果图

命令:COPY　　//执行复制命令

选择对象:找到 1 个　　//选中图 6–5(a)中的圆

选择对象:　　//选择完毕,确定

当前设置: 复制模式=多个

指定基点或[位移(D)/模式(O)]<位移>:指定第二个点或<使用第一个点作为位移>:

//选择基点,并移动至相切的位置,右键确定

指定第二个点或[退出(E)/放弃(U)]<退出>:　　//按【Enter】键,结束复制

三、偏移对象

指创建同心圆、平行线或等距曲线。偏移操作又称为偏移复制。

命令：OFFSET

单击【修改】工具栏上的（偏移）按钮，或选择【修改】→【偏移】命令，即执行 OFFSET 命令后，命令行提示：

指定偏移距离或[通过(T)/删除(E)/图层(L)]<通过>:

1. 指定偏移距离

根据偏移距离偏移复制对象。在“指定偏移距离或［通过（T）/删除（E）/图层（L）］：”提示下直接输入距离值后，命令行提示：

选择要偏移的对象,或[退出(E)/放弃(U)]<退出>:　　//选择偏移对象

指定要偏移的那一侧上的点，或[退出(E)/多个(M)/放弃(U)]<退出>:

//在要复制到的一侧任意确定一点。“多个(M)”选项用于实现多次偏移复制

选择要偏移的对象，或[退出(E)/放弃(U)]<退出>:↙ //也可以继续选择对象进行偏移复制

2. 通过（T）

使偏移复制后得到的对象通过指定的点。

3. 删除（E）

实现偏移源对象后删除源对象。

4. 图层（L）

确定是将偏移对象创建在当前图层上还是源对象所在的图层上。

例：在图 6–6（a）矩形的基础上将其编辑为省际、省中心局图例，如图 6–6（b）所示。

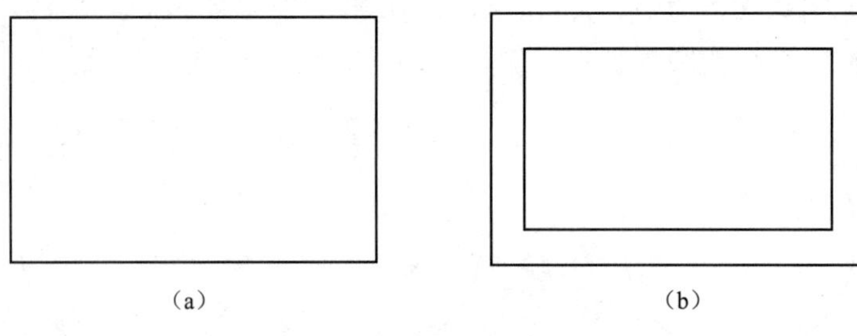

图 6–6 偏移对象

（a）矩形；（b）省际、省中心局图例

命令:OFFSET //执行偏移命令

当前设置:删除源=否 图层=源 OFFSETGAPTYPE=0

指定偏移距离或[通过(T)/删除(E)/图层(L)]<通过>: T //这里选择通过点

选择要偏移的对象，或[退出(E)/放弃(U)]<退出>:

//选中所要偏移的矩形

指定通过点或[退出(E)/多个(M)/放弃(U)]<退出>:

//在合适的位置，鼠标左击，即选定偏移位置

选择要偏移的对象，或[退出(E)/放弃(U)]<退出>: //按【Enter】键，结束偏移

四、镜像对象

将选中的对象相对于指定的镜像线进行镜像。

命令：MIRROR

单击【修改】工具栏上的（镜像）按钮，或选择【修改】→【镜像】命令，即执行MIRROR 命令后，命令行提示：

选择对象： //选择要镜像的对象

选择对象:↙ //也可以继续选择对象

指定镜像线的第一点： //确定镜像线上的一点

指定镜像线的第二点： //确定镜像线上的另一点

是否删除源对象?[是(Y)/否(N)]<N>: //根据需要响应即可

例：将图 6–7（a）中的图形利用镜像命令编辑为跨过铁路的桥梁图例，如图 6–7（c）所示。

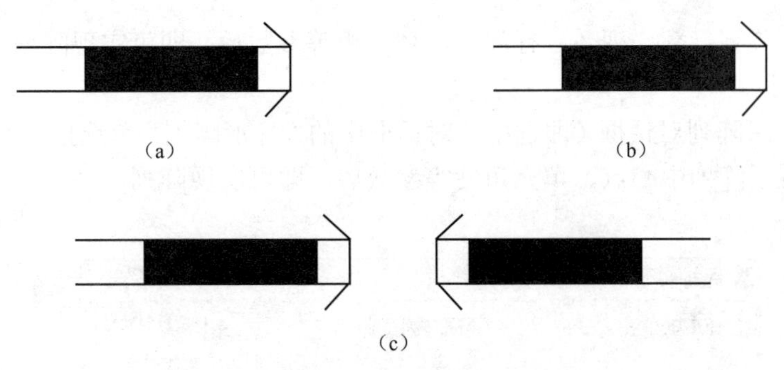

图 6–7　镜像对象

（a）原图；（b）镜像线；（c）跨过铁路的桥梁图例

```
命令:MIRROR                                      //执行偏移命令
选择对象:指定对角点:找到 8 个                       //选择图 6-7(a)中图形
选择对象:
指定镜像线的第一点:指定镜像线的第二点:             //指定镜像线,如图 6-7(b)中所示
要删除源对象吗?[是(Y)/否(N)]<N>:                  //按【Enter】键,默认不删除源对象
```

五、阵列对象

将选中的对象进行矩形或环形多重复制。

命令：ARRAY

单击【修改】工具栏上的（阵列）按钮，或选择【修改】→【阵列】命令，即执行 ARRAY 命令，AutoCAD 2010 弹出【阵列】对话框，如图 6–8 所示。

图 6–8　矩形阵列对话框

可利用此对话框形象、直观地进行矩形或环形阵列的相关设置，并实施阵列。

1. 矩形阵列

图 6–8 为矩形阵列对话框（即选中了对话框中的“矩形阵列”单选按钮）。利用其选择阵

列对象，并设置阵列行数、列数、行间距、列间距等参数后，即可实现阵列。

2. 环形阵列

图 6–9 是环形阵列对话框（即选中了对话框中的“环形阵列”单选按钮）。利用其选择阵列对象，并设置了阵列中心点、填充角度等参数后，即可实现阵列。

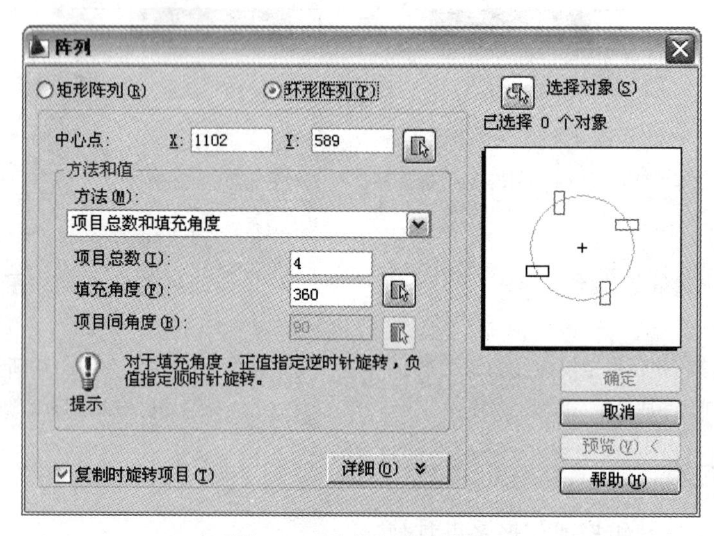

图 6–9　环形阵列对话框

例：将图 6–10（a）中的圆形利用阵列命令编辑成如图 6–10（b）所示。

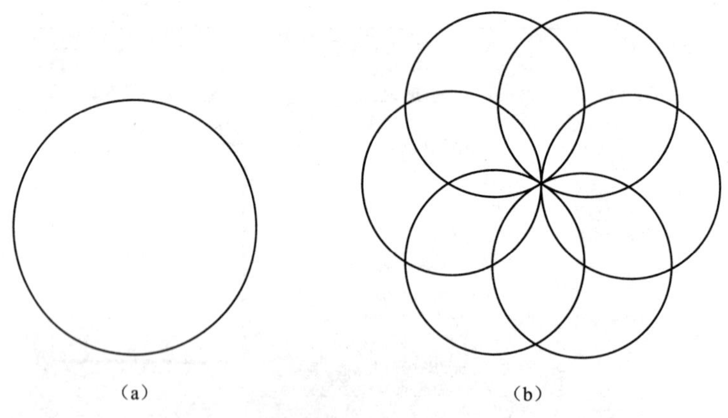

图 6–10　阵列对象

（a）圆形；（b）阵列后图形

命令:ARRAY　　　　　　//执行阵列命令,出现对话框如图 6–11 所示

指定阵列中心点:　　　　//拾取中心点为图 6–10(a)中圆弧上水平点;项目总数为 6,填充角度为 360°;选择圆对象

选择对象:找到 1 个　　　//按【Enter】键确认

选择对象:　　　　　　　//单击图 6–12 中【确定】按钮,即完成

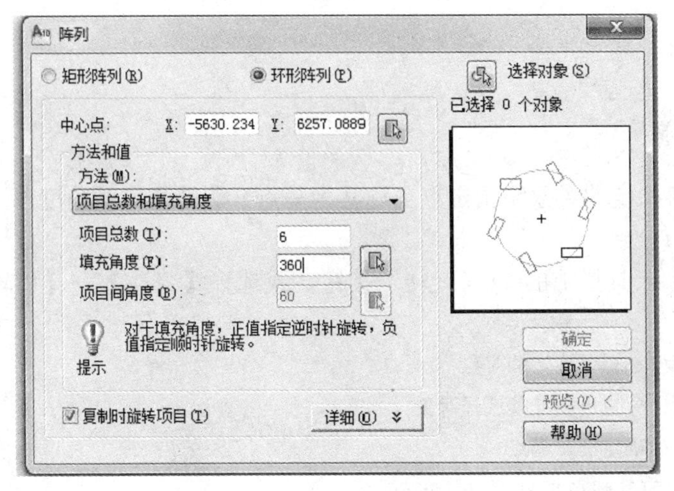

图 6–11 【阵列】对话框（1）

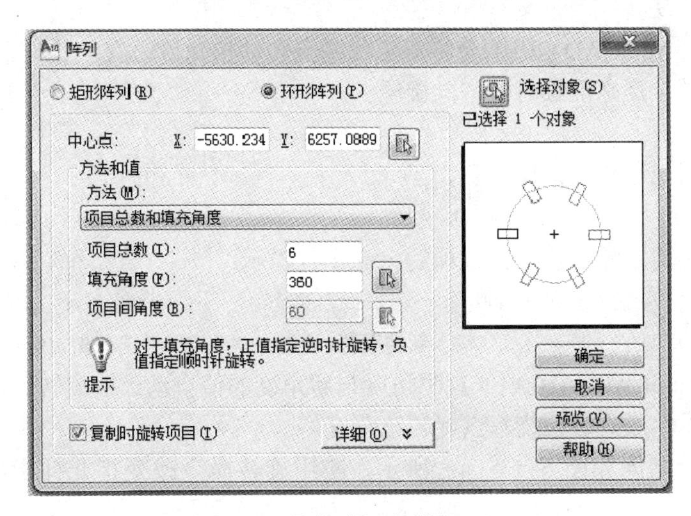

图 6–12 【阵列】对话框（2）

单元 3　图形变形类功能

内容导入

如果需要对象旋转、尺寸变化、向某个方向拉伸等操作将图形变成需要的形状，这时就要用到图形变形类编辑命令。本单元将分别介绍旋转、缩放、拉伸、延伸、倒角和圆角等编辑命令的使用。

单元目标

掌握旋转、缩放、拉伸、延伸、倒角和圆角等编辑命令的使用。

知识内容

一、旋转对象

旋转对象指将指定的对象绕指定点（称其为基点）旋转指定的角度。

命令：ROTATE

单击【修改】工具栏上的（旋转）按钮，或选择【修改】→【旋转】命令，即执行ROTATE 命令后，命令行提示：

选择对象：　　//选择要旋转的对象

选择对象：↙　　//也可以继续选择对象

指定基点：　　//确定旋转基点

指定旋转角度，或[复制(C)/参照(R)]：

1. 指定旋转角度

输入角度值，AutoCAD 2010 会将对象绕基点转动该角度。在默认设置下，角度为正时沿逆时针方向旋转，反之沿顺时针方向旋转。

2. 复制（C）

创建出旋转对象后仍保留原对象。

3. 参照（R）

以参照方式旋转对象。执行该选项后，命令行提示：

指定参照角：　　//输入参照角度值

指定新角度或[点(P)]<0>：　　//输入新角度值，或通过“点(P)”选项指定两点来确定新角度

执行结果：AutoCAD 2010 根据参照角度与新角度的值自动计算旋转角度（旋转角度=新角度–参照角度），然后将对象绕基点旋转该角度。

例：原指北针指向如图 6–13（a）所示，应用旋转命令改变指北针指向如图 6–13（b）所示。

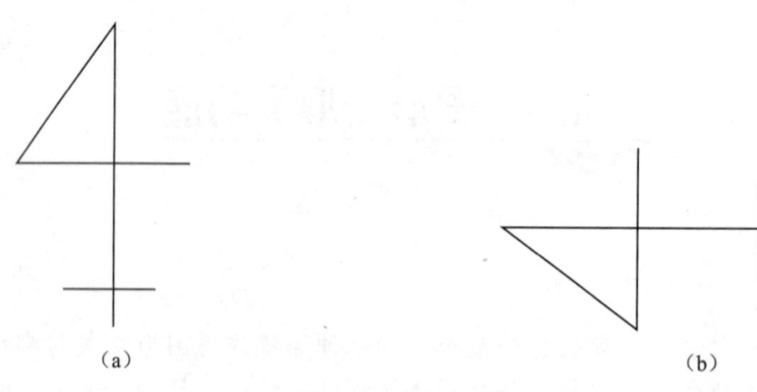

图 6–13　旋转对象

（a）原指北针；（b）旋转 90° 后

命令：ROTATE　　//执行旋转命令

UCS 当前的正角方向：ANGDIR=逆时针　ANGBASE=0

选择对象：指定对角点：找到 4 个　　//框选图 6–13(a)中指北针

选择对象：　　　　　　　　　　　　　　　　　　//选择完毕，按【Enter】键确认
指定基点：　　　　　　　　　　　　　　　　　　//指定垂直方向一点作为基点
指定旋转角度，或[复制(C)/参照(R)]<0>: 90　　　//输入旋转角度 90°，按【Enter】键确认

二、缩放对象

缩放对象指放大或缩小指定的对象。

命令：SCALE

单击【修改】工具栏上的（缩放）按钮，或选择【修改】→【缩放】命令，即执行 SCALE 命令后，命令行提示：

选择对象：　//选择要缩放的对象
选择对象：↙　　//也可以继续选择对象
指定基点：　//确定基点位置
指定比例因子或[复制(C)/参照(R)]：

1. 指定比例因子

确定缩放比例因子，为默认项。执行该默认项，即输入比例因子后按【Enter】键或【Space】键，AutoCAD 2010 将所选择对象根据该比例因子相对于基点缩放，且 0<比例因子<1 时表示缩小对象，比例因子>1 时表示放大对象。

2. 复制（C）

创建出缩小或放大的对象后仍保留原对象。执行该选项后，根据提示指定缩放比例因子即可。

3. 参照（R）

将对象按参照方式缩放。执行该选项后，命令行提示：

指定参照长度：　//输入参照长度的值
指定新的长度或[点(P)]：　//输入新的长度值或通过“点(P)”选项通过指定两点来确定长度值

执行结果：AutoCAD 2010 根据参照长度与新长度的值自动计算比例因子（比例因子=新长度值/参照长度值），并进行对应的缩放。

例：原拆除落地式交接箱图例中“×”号过小，如图 6–14（a）所示，应用缩放命令，放大“×”号，如图 6–14（b）所示。

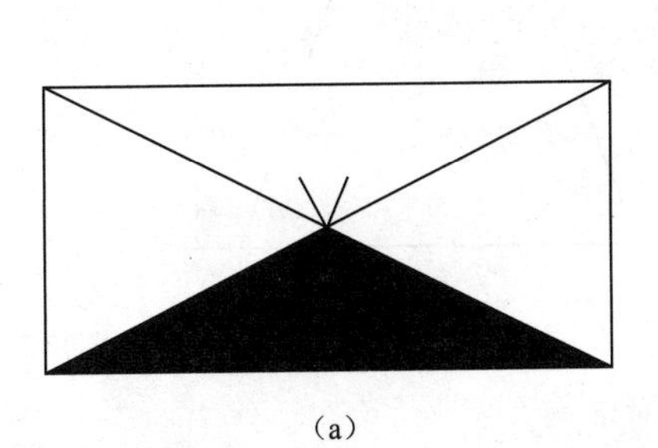
（a）

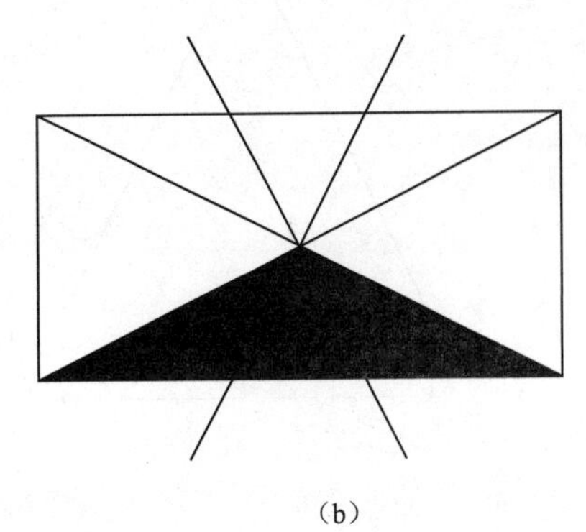
（b）

图 6–14　缩放对象

（a）不规范图例；（b）规范图例

命令:SCALE //执行缩放命令

选择对象:找到 1 个

选择对象:找到 1 个,总计 2 个 //选中需要放大的两条交叉直线

选择对象: //按【Enter】键确认

指定基点: //指定交叉点为基点

指定比例因子或[复制(C)/参照(R)]<0.2000>: 5 //输入放大倍数5,按【Enter】键确认

三、拉伸对象

拉伸与移动（MOVE）命令的功能有类似之处，可移动图形，但拉伸通常用于使对象拉长或压缩。

命令：STRETCH

单击【修改】工具栏上的(拉伸)按钮，或选择【修改】→【拉伸】命令，即执行STRETCH命令后，命令行提示：

以交叉窗口或交叉多边形选择要拉伸的对象 ...

选择对象:C↙ //或用 CP 响应。第一行提示说明用户只能以交叉窗口方式(即交叉矩形窗口,用 C 响应)或交叉多边形方式(即不规则交叉窗口方式,用 CP 响应)选择对象

选择对象: //可以继续选择拉伸对象

选择对象:↙

指定基点或[位移(D)]<位移>:

1. 指定基点

确定拉伸或移动的基点。

2. 位移（D）

根据位移量移动对象。

例：利用拉伸命令，将原有三角形的高度30 mm，如图6–15（a）所示，拉伸成40 mm，如图6–15（b）所示。

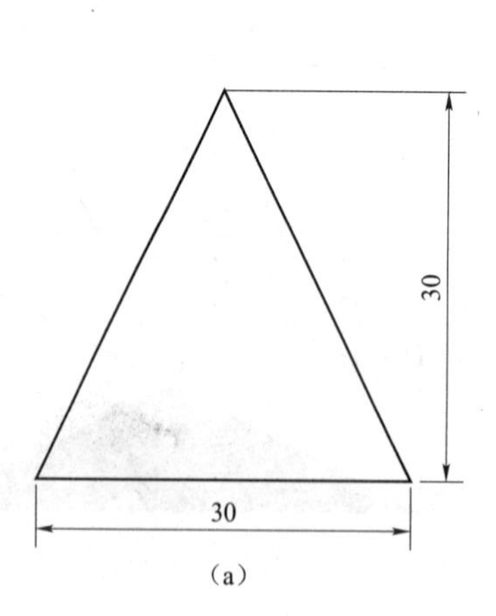

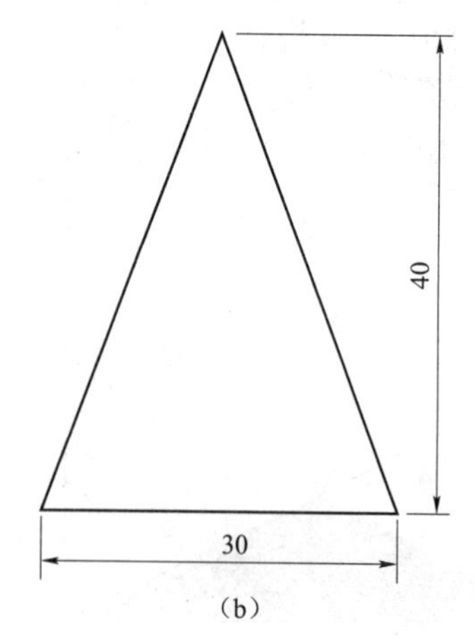

图6–15 拉伸对象

（a）原有三角形；（b）拉伸后三角形

命令:STRETCH　　//执行拉伸命令

以交叉窗口或交叉多边形选择要拉伸的对象...　　//由 1 到 2 框选交叉窗口,如图 6-16 所示

选择对象:指定对角点:找到 2 个　　//选中 2 个对象

选择对象:　　//按【Enter】键确认

指定基点或[位移(D)]<位移>:　　//指定基点为顶点

指定第二个点或<使用第一个点作为位移>: 10　　//鼠标控制在垂直方向,输入 10,按【Enter】键确认

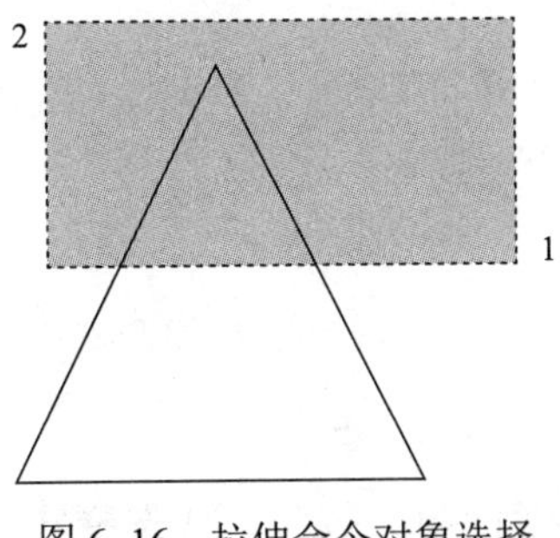

图 6–16　拉伸命令对象选择

四、延伸对象

将指定的对象延伸到指定边界。

命令：EXTEND

单击【修改】工具栏上的（延伸）按钮，或选择【修改】→【延伸】命令，即执行 EXTEND 命令后，命令行提示：

选择边界的边...

选择对象或<全部选择>:　　//选择作为边界边的对象,按【Enter】键则选择全部对象

选择对象:↙　　//也可以继续选择对象

选择要延伸的对象,或按住【Shift】键选择要修剪的对象,或[栏选(F)/窗交(C)/投影(P)/边(E)/放弃(U)]:

例：原图如图 6–17（a）所示，利用延伸命令后，效果如图 6–17（b）所示。

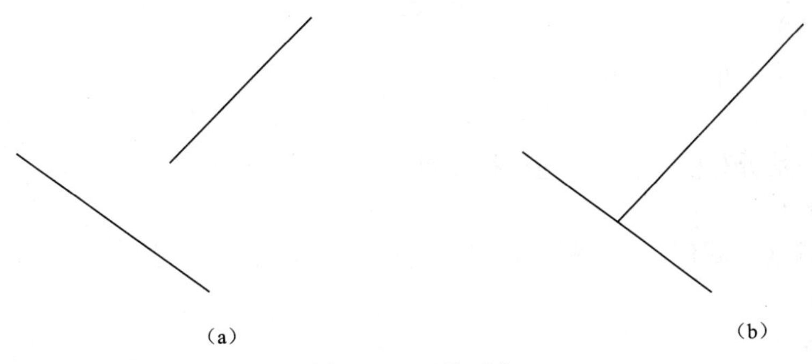

图 6–17　延伸对象

（a）原图；（b）延伸后

```
命令:EXTEND                                    //执行延伸命令
当前设置:投影=UCS,边=无
选择边界的边...
选择对象或<全部选择>: 找到 1 个
选择对象:找到 1 个,总计 2 个                   //选中图 6-17(a)中的两条直线
选择对象:                                      //按【Enter】键确认
选择要延伸的对象,或按住【Shift】键选择要修剪的对象,或[栏选(F)/窗交(C)/投影(P)/边(E)/放弃(U)]:    //单击需要延伸的直线
选择要延伸的对象,或按住【Shift】键选择要修剪的对象,或[栏选(F)/窗交(C)/投影(P)/边(E)/放弃(U)]:    //按【Enter】键,结束延伸命令
```

五、创建倒角

在两条直线之间创建倒角。

命令：CHAMFER

单击【修改】工具栏上的（倒角）按钮，或选择【修改】→【倒角】命令，即执行 CHAMFER 命令后，命令行提示：

```
("修剪"模式)当前倒角距离 1=0.0000,距离 2=0.0000
选择第一条直线或[放弃(U)/多段线(P)/距离(D)/角度(A)/修剪(T)/方式(E)/多个(M)]:
```

提示的第一行说明当前的倒角操作属于“修剪”模式，且第一、第二倒角距离分别为 1 和 2。

1. 选择第一条直线

要求选择进行倒角的第一条线段，为默认项。选择某一线段，即执行默认项后，命令行提示：

```
选择第二条直线,或按住【Shift】键选择要应用角点的直线:
```

在该提示下选择相邻的另一条线段即可。

2. 多段线（P）

对整条多段线倒角。

3. 距离（D）

设置倒角距离。

4. 角度（A）

根据倒角距离和角度设置倒角尺寸。

5. 修剪（T）

确定倒角后是否对相应的倒角边进行修剪。

6. 方式（E）

确定将以什么方式倒角，即根据已设置的两倒角距离倒角，还是根据距离和角度设置倒角。

7. 多个（M）

如果执行该选项，当用户选择了两条直线进行倒角后，可以继续对其他直线倒角，不必重新执行 CHAMFER 命令。

8. 放弃（U）

放弃已进行的设置或操作。

例：在图 6–18（a）的基础上，利用倒角命令创建倒角，实现效果如图 6–18（b）所示。

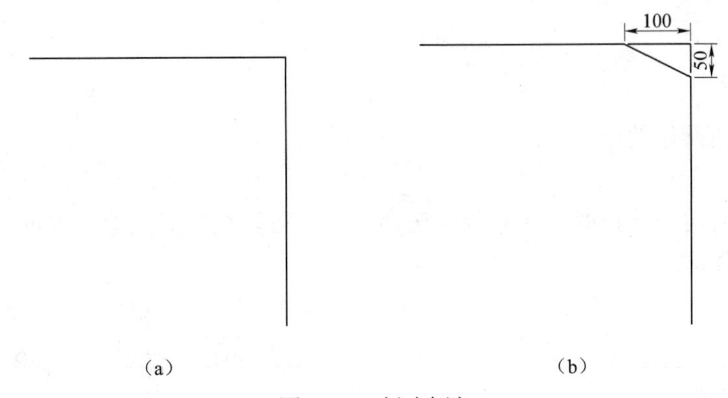

图 6–18　创建倒角

（a）原图；（b）倒角后的效果图

```
命令:CHAMFER                                          //执行倒角命令
("修剪"模式)当前倒角距离 1=0.0000,距离 2=0.0000
选择第一条直线或[放弃(U)/多段线(P)/距离(D)/角度(A)/修剪(T)/方式(E)/多个(M)]: D
                                                    //选择距离(D)
指定第一个倒角距离<0.0000>:100                        //输入第 1 个倒角距离 100
指定第二个倒角距离<100.0000>:50                       //输入第 2 个倒角距离 50
选择第一条直线或[放弃(U)/多段线(P)/距离(D)/角度(A)/修剪(T)/方式(E)/多个(M)]:
                                                    //选择水平直线
选择第二条直线,或按住【Shift】键选择要应用角点的直线: //选择垂直直线,然后按【Enter】键,结束倒角命令
```

六、创建圆角

为对象创建圆角。

命令：FILLET

单击【修改】工具栏上的 （圆角）按钮，或选择【修改】→【圆角】命令，即执行 FILLET 命令后，命令行提示：

```
当前设置:模式=修剪,半径=0.0000
选择第一个对象或[放弃(U)/多段线(P)/半径(R)/修剪(T)/多个(M)]:
```

提示中，第一行说明当前的创建圆角操作采用了“修剪”模式，且圆角半径为 0。第二行的含义如下：

1. 选择第一个对象

此提示要求选择创建圆角的第一个对象，为默认项。用户选择后，命令行提示：

```
选择第二个对象，或按住【Shift】键选择要应用角点的对象：
```

在此提示下选择另一个对象，AutoCAD 2010 按当前的圆角半径设置对它们创建圆角。

如果按住【Shift】键选择相邻的另一对象，则可以使两对象准确相交。

2. 多段线（P）

对二维多段线创建圆角。

3. 半径（R）

设置圆角半径。

4. 修剪（T）

确定创建圆角操作的修剪模式。

5. 多个（M）

执行该选项且用户选择两个对象创建出圆角后，可以继续对其他对象创建圆角，不必重新执行 FILLET 命令。

例：在图 6–19（a）的基础上，利用倒角命令创建圆角，实现效果如图 6–19（b）所示。

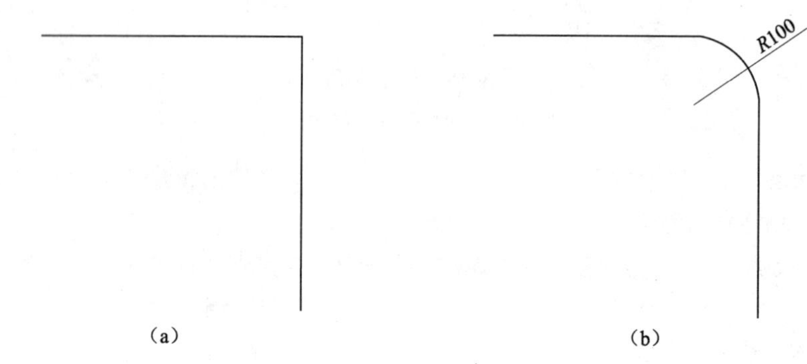

图 6–19　创建圆角

（a）原图；（b）创建圆角后的效果图

```
命令:FILLET                                                //执行圆角命令
当前设置:模式=修剪,半径=0.0000
选择第一个对象或[放弃(U)/多段线(P)/半径(R)/修剪(T)/多个(M)]:R //选择半径(R)
指定圆角半径<0.0000>:100                                      //输入半径 100
选择第一个对象或[放弃(U)/多段线(P)/半径(R)/修剪(T)/多个(M)]://选择水平直线
选择第二个对象,或按住【Shift】键选择要应用角点的对象:          //选择垂直直线,然后按
【Enter】键,结束圆角命令
```

小结

本模块介绍了 AutoCAD 2010 的二维图形编辑功能，其中包括选择对象的方法；各种二维编辑操作，如删除、移动、复制、旋转、缩放、偏移、镜像、阵列、拉伸、修剪、延伸、打断、创建倒角和圆角等；还介绍了如何利用夹点功能编辑图形。

用 AutoCAD 2010 绘制某一工程图时，一般可以用多种方法实现。例如，当绘制已有直线的平行线时，既可以用 COPY（复制）命令得到，也可以用 OFFSET（偏移）命令实现，具体采用哪种方法取决于用户的绘图习惯、对 AutoCAD 2010 的熟练程度以及具体绘图要求。只有多练习，才能熟能生巧。后面章节还将介绍用 AutoCAD 2010 绘图时如何设置各种绘图线型，以及实现高效、准确绘图的一些常用方法等内容。

技能训练

任务 1　绘制餐桌

1. 目的要求

如图 6–20 所示，本任务设计的图形除了要用到基本的绘图命令外，主要用到【阵列】编辑命令。要求读者通过本任务灵活掌握绘图的基本技巧，巧妙利用一些编辑命令来快速灵活地完成绘图作业。

2. 操作提示

（1）利用【圆】和【偏移】命令绘制圆形餐桌。

（2）利用【直线】、【圆弧】以及【镜像】命令绘制椅子。

（3）利用【阵列】命令复制椅子。

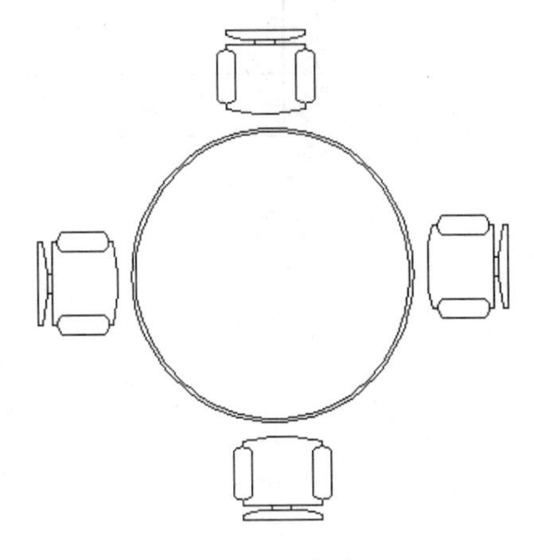

图 6–20　餐桌

任务 2　绘制办公桌

1. 目的要求

如图 6–21 所示，本任务设计的图形除了要用到基本的绘图命令外，主要用到【复制】和【镜像】编辑命令。要求读者通过本任务灵活掌握绘图的基本技巧，巧妙利用一些编辑命令来快速灵活地完成绘图作业。

2. 操作提示

（1）利用【矩形】命令在合适的位置绘制矩形。

（2）利用【复制】命令在合适的位置复制矩形。

（3）利用【镜像】命令在对称的位置镜像图形。

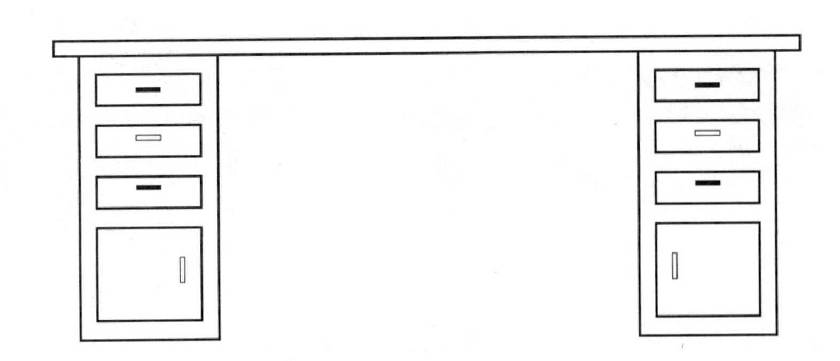

图 6–21　办公桌

任务 3　绘制图衔

使用向导方式建立一个新文件，使用【矩形】命令、【直线】命令，根据提示内容输入坐标，绘制 A3 图纸的标题栏，如图 6–22 所示，并将文件保存为 AutoCAD 样板文件。

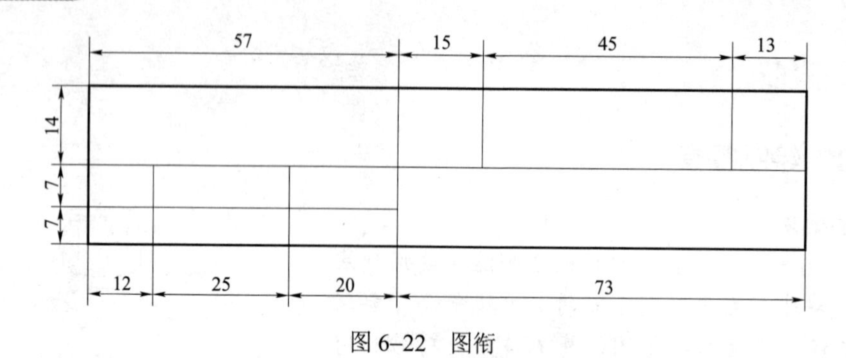

图 6–22　图衔

内容导读

文字样式的设置及命令的使用
表格样式的设置及命令的使用
尺寸样式的设置及命令的使用

单元1　文字样式

内容导入

通信工程图纸中，文字说明是不可或缺的部分。AutoCAD 2010 中默认的文字样式是 STANDARD 样式，进行文本标注时要创建新的文字样式，以得到想要的效果，以适用于通信行业标准。本单元将介绍文字样式的设置方法和文字标注命令的使用。

单元目标

（1）掌握文字样式的设置方法；
（2）掌握文字标注命令的使用。

知识内容

一、样式设置

AutoCAD 2010 图形中的文字是根据当前文字样式标注的。文字样式说明所标注文字使用的字体以及其他设置，如字高、字颜色、文字标注方向等。AutoCAD 2010 为用户提供了默认文字样式 STANDARD。当在 AutoCAD 2010 中标注文字时，如果系统提供的文字样式不能满足国家制图标准或用户的要求，则应首先定义文字样式。

命令：STYLE

单击对应的工具栏按钮，或选择【格式】→【文字样式】命令，即执行 STYLE 命令后，AutoCAD 弹出如图 7–1 所示的【文字样式】对话框。

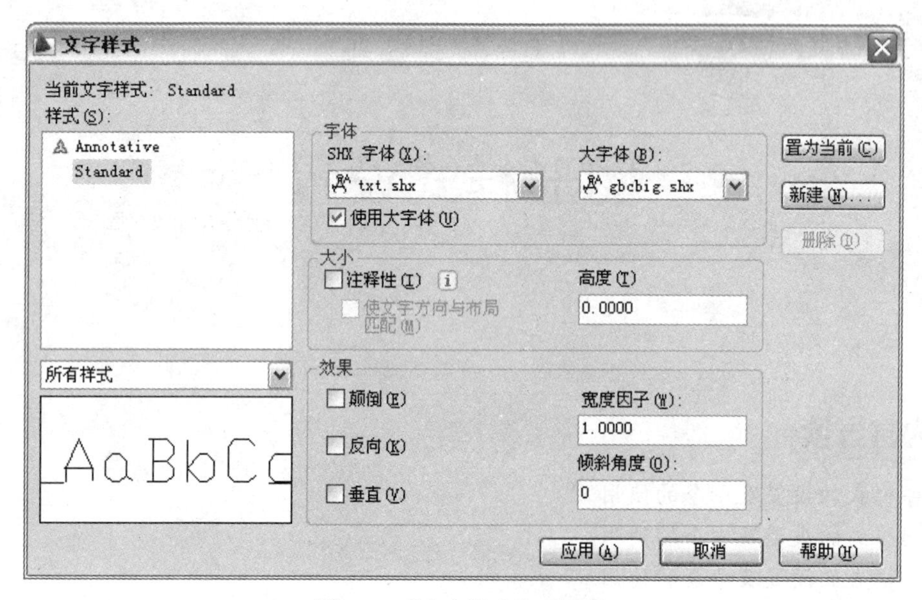

图 7–1 【文字样式】对话框

对话框中，“样式”列表框中列有当前已定义的文字样式，用户可从中选择对应的样式作为当前样式或进行样式修改。“字体”选项组用于确定所采用的字体。“大小”选项组用于指定文字的高度。“效果”选项组用于设置字体的某些特征，如字的宽高比（即宽度因子）、倾斜角度、是否倒置显示、是否反向显示以及是否垂直显示等。预览框组用于预览所选择或所定义文字样式的标注效果。【新建】按钮用于创建新样式。【置为当前】按钮用于将选定的样式设为当前样式。【应用】按钮用于确认用户对文字样式的设置。单击【取消】按钮，AutoCAD 2010 关闭【文字样式】对话框。

二、标注文字

1. 用 DTEXT 命令标注文字

命令：DTEXT

选择【绘图】→【文字】→【单行文字】命令，即执行 DTEXT 命令后，命令行提示：

当前文字样式：“Standard”　文字高度：2.5000　注释性：否

指定文字的起点或[对正(J)/样式(S)]：

第一行提示信息说明当前文字样式以及字高度。第二行中，“指定文字的起点”选项用于确定文字行的起点位置。用户响应后，命令行提示：

指定高度：　　//输入文字的高度值

指定文字的旋转角度<0>:　　//输入文字行的旋转角度

而后，AutoCAD 2010 在绘图屏幕上显示出一个表示文字位置的方框，用户在其中输入要标注的文字后，按两次【Enter】键，即可完成文字的标注。

2. 利用在位文字编辑器标注文字

命令：MTEXT

单击对应的工具栏按钮，或选择【绘图】→【文字】→【单行文字】命令，即执行 MTEXT 命令后，命令行提示：

指定第一角点:

在此提示下指定一点作为第一角点后，AutoCAD 2010 继续提示:

指定对角点或[高度(H)/对正(J)/行距(L)/旋转(R)/样式(S)/宽度(W)]:

如果响应默认项，即指定另一角点的位置，AutoCAD 2010 弹出如图 7–2 所示的在位文字编辑器。

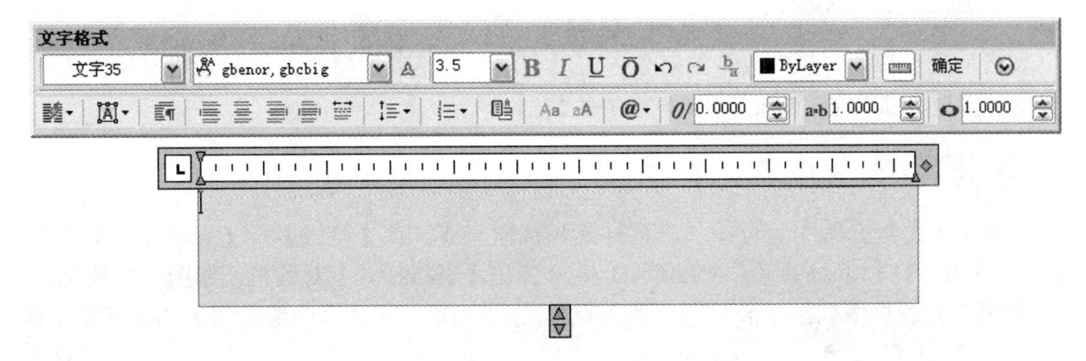

图 7–2　在位文字编辑器

在位文字编辑器由【文字格式】工具栏和水平标尺等组成，工具栏上有一些下拉列表框、按钮等。用户可通过该编辑器输入要标注的文字，并进行相关标注设置。

三、编辑文字

命令：DDEDIT

双击所需编辑的文字，或选择【修改】→【对象】→【文字】→【编辑】命令，即执行 DDEDIT 命令后，命令行提示：

选择注释对象或[放弃(U)]:

此时应选择需要编辑的文字。标注文字时使用的标注方法不同，选择文字后 AutoCAD 2010 给出的响应也不相同。如果所选择的文字是用 DTEXT 命令标注的，选择文字对象后，AutoCAD 2010 会在该文字四周显示出一个方框，此时用户可直接修改对应的文字。

如果在“选择注释对象或［放弃（U)]:”提示下选择的文字是用 MTEXT 命令标注的，AutoCAD 2010 则会弹出在位文字编辑器，并在该对话框中显示出所选择的文字，供用户编辑、修改。

单元 2　表格样式

内容导入

通信工程图纸中，常常需要列出设备配置表、工程量表的相关表格。与文字样式一样，表格样式也可以根据需要进行设置。本单元将介绍表格样式的设置和表格命令的使用。

单元目标

（1）掌握表格样式的设置方法；

（2）掌握表格命令的使用。

一、创建和修改表格

表格是在行和列中包含数据的对象。可以利用空表格或表格样式创建表格对象。还可以将表格链接至 Microsoft Excel 电子表格中的数据。

二、定义表格样式

单击【样式】工具栏上的（表格样式）按钮，或选择【格式】→【表格样式】命令，即执行 TABLESTYLE 命令后，AutoCAD 2010 弹出【表格样式】对话框，如图 7–3 所示。其中，“样式”列表框中列出了满足条件的表格样式；“预览”图片框中显示出表格的预览图像，【置为当前】和【删除】按钮分别用于将在“样式”列表框中选中的表格样式置为当前样式、删除选中的表格样式；【新建】、【修改】按钮分别用于新建表格样式、修改已有的表格样式。

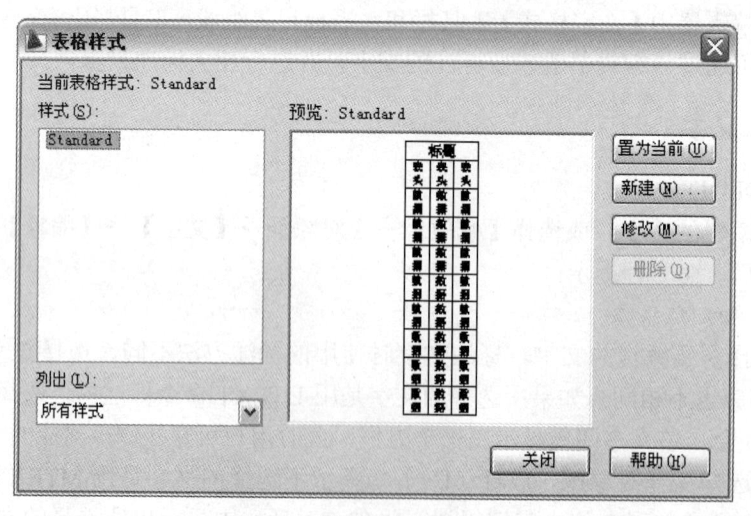

图 7–3　【表格样式】对话框

如果单击【表格样式】对话框中的【新建】按钮，AutoCAD 2010 弹出【创建新的表格样式】对话框，如图 7–4 所示。

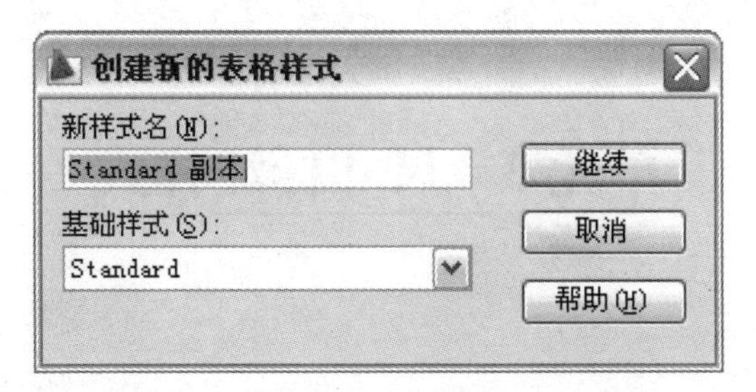

图 7–4　【创建新的表格样式】对话框

通过对话框中的“基础样式”下拉列表选择基础样式，并在“新样式名”文本框中输入新样式的名称后（如输入“表格 1”），单击【继续】按钮，AutoCAD 2010 弹出【新建表格样式】对话框，如图 7–5 所示。

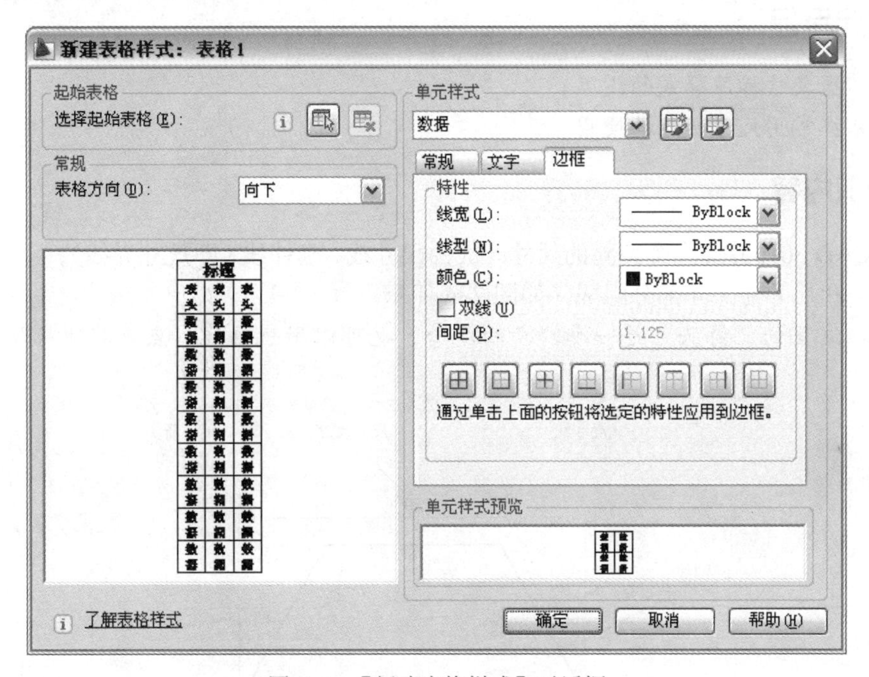

图 7–5　【新建表格样式】对话框

在对话框中，左侧有起始表格、表格方向下拉列表框和预览图像框三部分。其中，起始表格用于使用户指定一个已有表格作为新建表格样式的起始表格。表格方向列表框用于确定插入表格时的表方向，有“向下”和“向上”两个选择，“向下”表示创建由上而下读取的表，即标题行和列标题行位于表的顶部，“向上”则表示将创建由下而上读取的表，即标题行和列标题行位于表的底部；图像框用于显示新创建表格样式的表格预览图像。

【新建表格样式】对话框的右侧有“单元样式”选项组等，用户可以通过对应的下拉列表确定要设置的对象，即在“数据”“标题”和“表头”之间进行选择。

选项组中，【常规】、【文字】和【边框】3 个选项卡分别用于设置表格中的基本内容、文字和边框。

完成表格样式的设置后，单击【确定】按钮，AutoCAD 2010 返回到【表格样式】对话框，并将新定义的样式显示在“样式”列表框中。单击该对话框中的【取消】按钮关闭对话框，完成新表格样式的定义。

单元 3　尺寸标注样式

内容导入

通信工程制图中，需要标注设计图纸中的相关数据，例如机房、设备的长和宽，设备摆放的具体位置标注、通信线路的杆间距等，不同的数据标注格式也不相同，怎样才能进行规范的标注尺寸呢？本单元将介绍尺寸标注样式的设置及使用。

单元目标

（1）掌握尺寸标注样式的设置；

（2）掌握常用尺寸标注的使用。

知识内容

AutoCAD 2010 中，一个完整的尺寸一般由尺寸线、延伸线（即尺寸界线）、尺寸文字（即尺寸数字）和尺寸箭头 4 部分组成，如图 7–6 所示。

注意：这里的“箭头”是一个广义的概念，也可以用短画线、点或其他标记代替尺寸箭头。

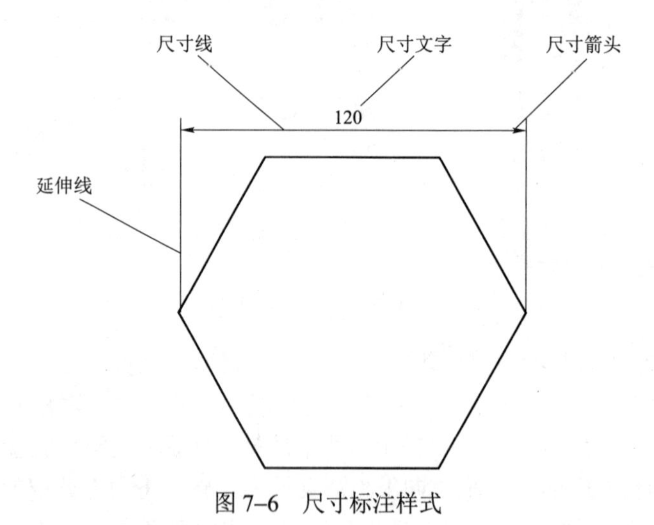

图 7–6　尺寸标注样式

一、尺寸标注样式

尺寸标注样式（简称标注样式）用于设置尺寸标注的具体格式，如尺寸文字采用的样式；尺寸线、尺寸界线以及尺寸箭头的标注设置等，以满足不同行业或不同国家的尺寸标注要求。

尺寸标注类型有折弯标注、角度标注、引线标注、基线标注、连续标注等多种类型，而线性标注又分水平标注、垂直标注和旋转标注。

定义、管理标注样式的命令是 DIMSTYLE。执行 DIMSTYLE 命令后，AutoCAD 2010 弹出如图 7–7 所示的【标注样式管理器】对话框。

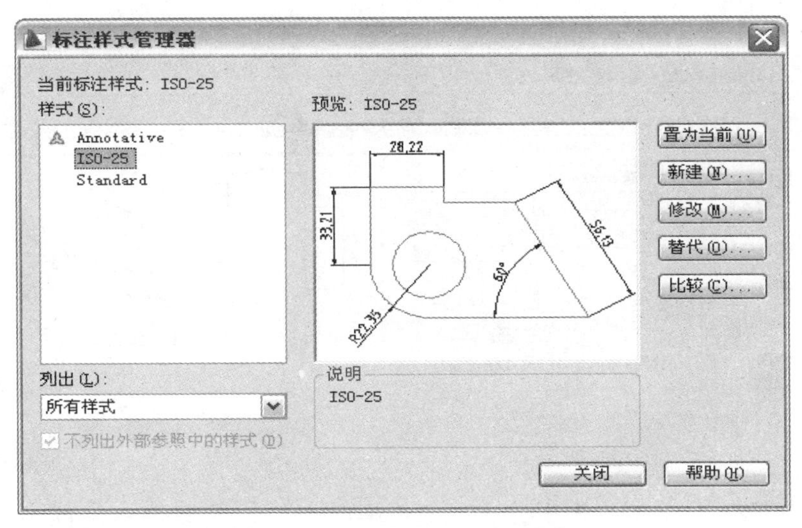

图 7–7　【标准样式管理器】对话框

其中，“当前标注样式”标签显示出当前标注样式的名称。“样式”列表框用于列出已有标注样式的名称。“列出”下拉列表框确定要在“样式”列表框中列出哪些标注样式。“预览”图片框用于预览在“样式”列表框中所选中标注样式的标注效果。“说明”标签框用于显示在“样式”列表框中所选定标注样式的说明。【置为当前】按钮把指定的标注样式置为当前样式。【新建】按钮用于创建新标注样式。【修改】按钮则用于修改已有标注样式。【替代】按钮用于设置当前样式的替代样式。【比较】按钮用于对两个标注样式进行比较，或了解某一样式的全部特性。

下面介绍如何新建标注样式。

在【标注样式管理器】对话框中单击【新建】按钮，AutoCAD 2010 弹出如图 7–8 所示【创建新标注样式】对话框。

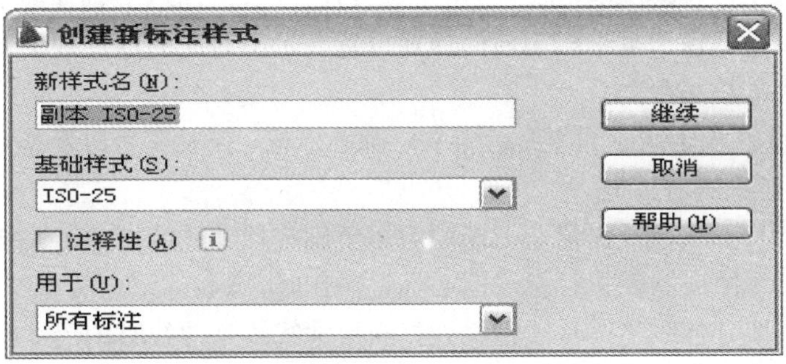

图 7–8　【创建新标注样式】对话框

可通过该对话框中的“新样式名”文本框指定新样式的名称；通过“基础样式”下拉列表框确定用来创建新样式的基础样式；通过“用于”下拉列表框，可确定新建标注样式的适用范围。下拉列表中有“所有标注”“线性标注”“角度标注”“半径标注”“直径标注”“坐标标注”和“引线和公差”等选择项，分别用于使新样式适于对应的标注。确定新样式的名称和有关设置后，单击【继续】按钮，AutoCAD 2010 弹出【新建标注样式】对话框，如图 7–9 所示。

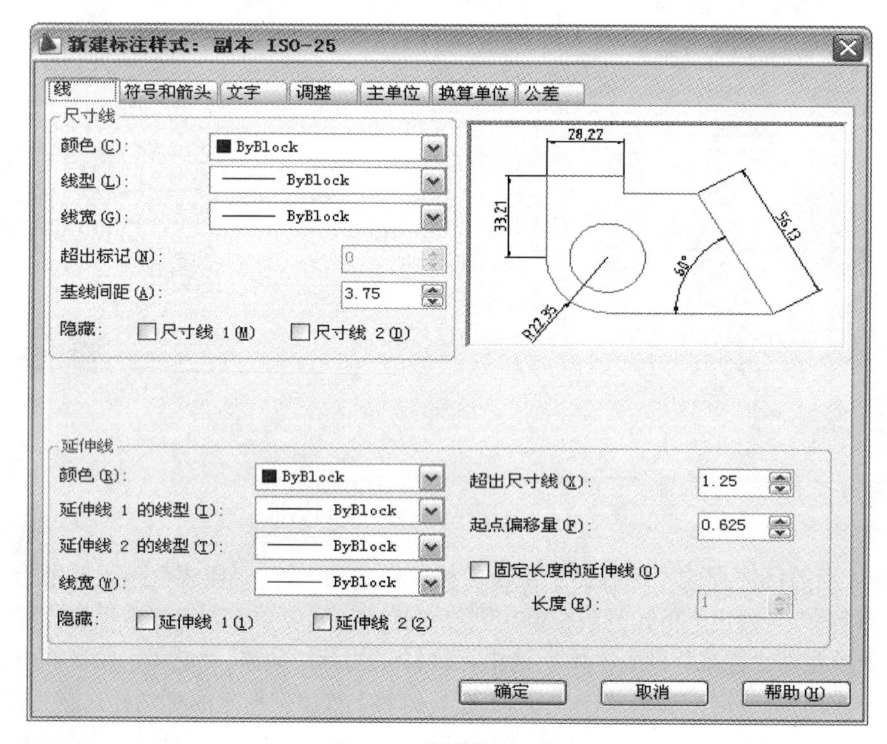

图 7–9　标注样式—线

对话框中有【线】、【符号和箭头】、【文字】、【调整】、【主单位】、【换算单位】和【公差】7 个选项卡，下面分别给予介绍。

1.【线】选项卡

【线】选项卡用于设置尺寸线和尺寸界线的格式与属性。图 7–9 是与【线】选项卡对应的对话框。此选项卡中，“尺寸线”选项组用于设置尺寸线的样式。“延伸线”选项组用于设置尺寸界线的样式。预览窗口可根据当前的样式设置显示出对应的标注效果示例。

2.【符号和箭头】选项卡

【符号和箭头】选项卡用于设置尺寸箭头、圆心标记、弧长符号以及半径标注折弯方面的格式。图 7–10 为对应的对话框。

【符号和箭头】选项卡中，“箭头”选项组用于确定尺寸线两端的箭头样式。“圆心标记”选项组用于确定当对圆或圆弧执行标注圆心标记操作时，圆心标记的类型与大小。“折断标注”选项确定在尺寸线或延伸线与其他线重叠处打断尺寸线或延伸线时的尺寸。“弧长符号”选项组用于为圆弧标注长度尺寸时的设置。“半径折弯标注”选项通常在圆弧或圆的圆心位于页面外部时创建。“线性折弯标注”选项用于线性折弯标注设置。

3.【文字】选项卡

【文字】选项卡用于设置尺寸文字的外观、位置以及对齐方式等，图 7–11 为对应的对话框。

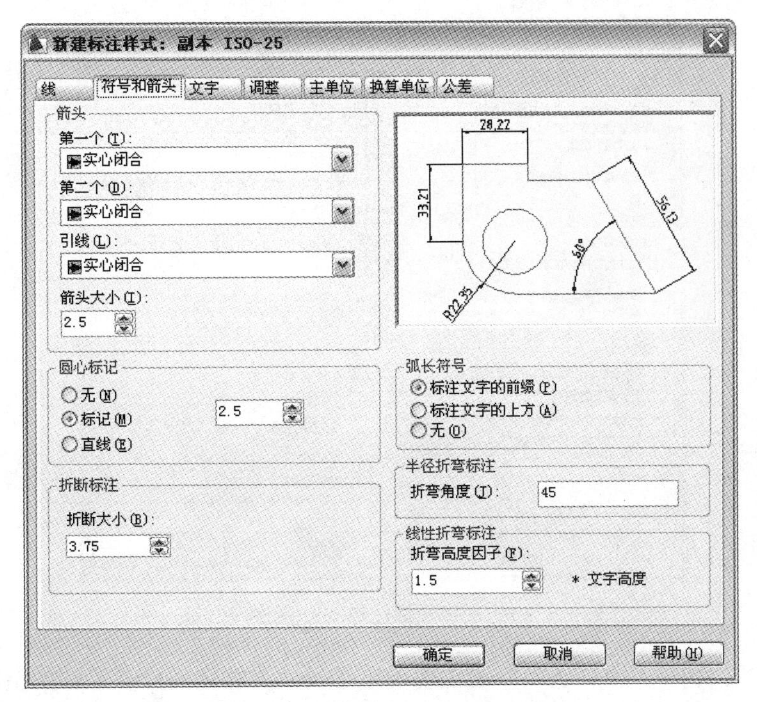

图 7–10　标注样式—符号和箭头

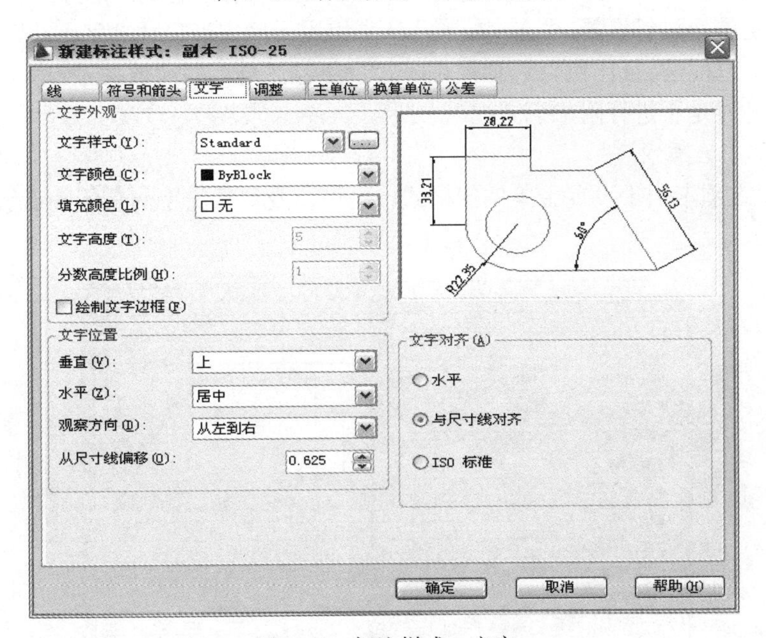

图 7–11　标注样式—文字

【文字】选项卡中，“文字外观”选项组用于设置尺寸文字的样式等。“文字位置”选项组用于设置尺寸文字的位置。“文字对齐”选项组则用于确定尺寸文字的对齐方式。

4.【调整】选项卡

【调整】选项卡用于控制尺寸文字、尺寸线以及尺寸箭头等的位置和其他一些特征。图 7–12 是对应的对话框。

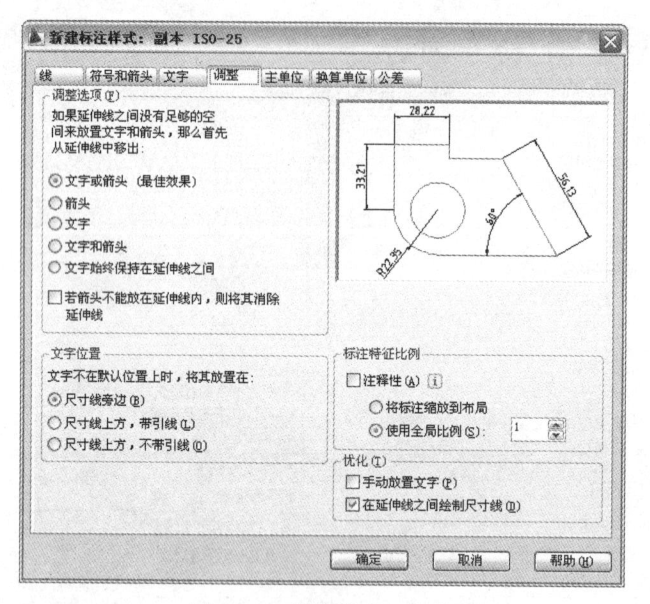

图 7–12　标注样式—调整

【调整】选项卡中，“调整选项”选项组确定当尺寸界线之间没有足够的空间同时放置尺寸文字和箭头时，应首先从尺寸界线之间移出尺寸文字和箭头的哪一部分，用户可通过该选项组中的各单选按钮进行选择。“文字位置”选项组用于确定当尺寸文字不在默认位置时，应将其放在何处。“标注特征比例”选项组用于设置所标注尺寸的缩放关系。“优化”选项组用于设置标注尺寸时是否进行附加调整。

5.【主单位】选项卡

【主单位】选项卡用于设置主单位的格式、精度以及尺寸文字的前缀和后缀。图 7–13 为对应的对话框。

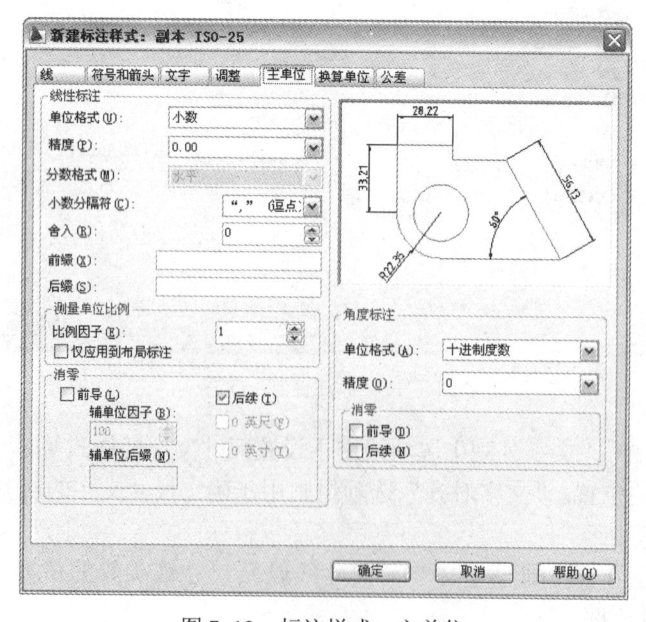

图 7–13　标注样式—主单位

【主单位】选项卡中，“线性标注”选项组用于设置线性标注的格式与精度。“角度标注”选项组用于确定标注角度尺寸时的单位、精度以及消零否。

6.【换算单位】选项卡

【换算单位】选项卡用于确定是否使用换算单位以及换算单位的格式，图 7–14 为对应的对话框。

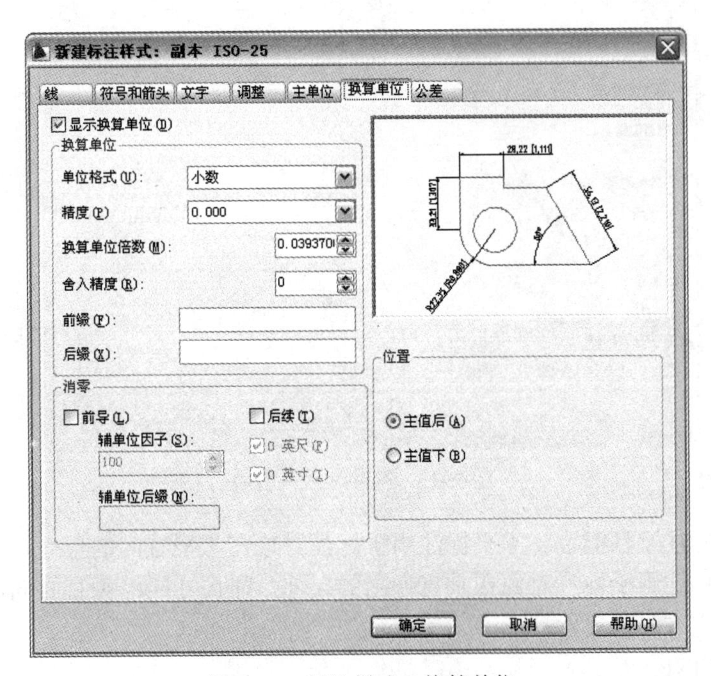

图 7–14　标注样式—换算单位

【替换单位】选项卡中，“显示换算单位”复选框用于确定是否在标注的尺寸中显示换算单位。“换算单位”选项组用于确定换算单位的单位格式、精度等设置。“消零”选项组用于确定是否消除换算单位的前导或后续零。“位置”选项组则用于确定换算单位的位置，用户可在“主值后”与“主值下”之间选择。

7.【公差】选项卡

【公差】选项卡用于确定是否标注公差，如果标注公差，以何种方式进行标注，图 7–15 为对应的对话框。

【公差】选项卡中，“公差格式”选项组用于确定公差的标注格式。“换算单位公差”选项组用于确定当标注换算单位时换算单位公差的精度与消零否。

利用【新建标注样式】对话框设置样式后，单击对话框中的【确定】按钮，完成样式的设置，AutoCAD 2010 返回到【标注样式管理器】对话框，单击对话框中的【关闭】按钮关闭对话框，完成尺寸标注样式的设置。

二、标注尺寸

1. 线性标注

线性标注指标注图形对象在水平方向、垂直方向或指定方向的尺寸，又分为水平标注、

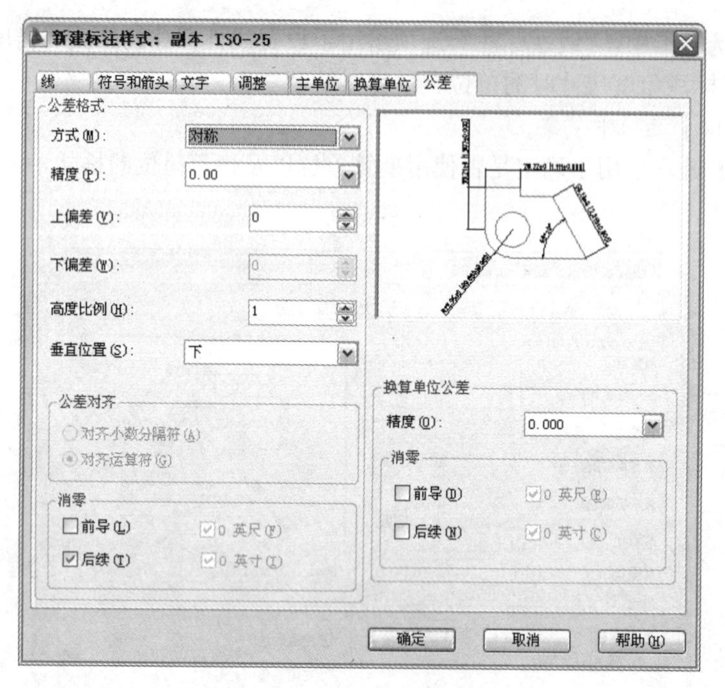

图 7–15　标注样式—公差

垂直标注和旋转标注三种类型。水平标注用于标注对象在水平方向的尺寸，即尺寸线沿水平方向放置；垂直标注用于标注对象在垂直方向的尺寸，即尺寸线沿垂直方向放置；旋转标注则标注对象沿指定方向的尺寸。

命令：DIMLINEAR

单击【标注】工具栏上的 （线性）按钮，或选择【标注】→【线性】命令，即执行 DIMLINEAR 命令后，命令行提示：

指定第一条尺寸界线原点或<选择对象>：

在此提示下用户有两种选择，即确定一点作为第一条尺寸界线的起始点或直接按【Enter】键选择对象。

（1）指定第一条尺寸界线原点

如果在“指定第一条尺寸界线原点或<选择对象>：”提示下指定第一条尺寸界线的起始点后，命令行提示：

指定第二条尺寸界线原点：　　//确定另一条尺寸界线的起始点位置

指定尺寸线位置或[多行文字(M)/文字(T)/角度(A)/水平(H)/垂直(V)/旋转(R)]：

其中，“指定尺寸线位置”选项用于确定尺寸线的位置。通过拖动鼠标的方式确定尺寸线的位置后，单击【拾取】键，AutoCAD 2010 根据自动测量出的两尺寸界线起始点间的对应距离值标注出尺寸。

“多行文字（M）”选项用于根据文字编辑器输入尺寸文字。“文字（T）”选项用于输入尺寸文字。“角度（A）”选项用于确定尺寸文字的旋转角度。“水平（H）”选项用于标注水平尺寸，即沿水平方向的尺寸。“垂直（V）”选项用于标注垂直尺寸，即沿垂直方向的尺寸。“旋转（R）”选项用于旋转标注，即标注沿指定方向的尺寸。

（2）选择对象。

如果在“指定第一条尺寸界线原点或<选择对象>：”提示下直接按【Enter】键，即执行“<选择对象>”选项后，命令行提示：

选择标注对象：

此提示要求用户选择要标注尺寸的对象。用户选择后，AutoCAD 2010 将该对象的两端点作为两条尺寸界线的起始点，并提示：

指定尺寸线位置或[多行文字(M)/文字(T)/角度(A)/水平(H)/垂直(V)/旋转(R)]：

对此提示的操作与前面介绍的操作相同，用户响应即可。

2. 对齐标注

对齐标注指所标注尺寸的尺寸线与两条尺寸界线起始点间的连线平行。

命令：DIMALIGNED

单击【标注】工具栏上的（对齐）按钮，或选择【标注】→【对齐】命令，即执行 DIMALIGNED 命令后，命令行提示：

指定第一条尺寸界线原点或<选择对象>：

在此提示下的操作与前面标注线性尺寸的操作类似，不再介绍。

3. 角度标注

标注角度尺寸。

命令：DIMANGULAR

单击【标注】工具栏上的（角度）按钮，或选择【标注】→【角度】命令，即执行 DIMANGULAR 命令后，命令行提示：

选择圆弧、圆、直线或<指定顶点>：

其中，“标注圆弧的包含角”选项用于标注圆弧的包含角尺寸。“标注圆上某段圆弧的包含角”选项用于标注圆上某段圆弧的包含角。“标注两条不平行直线之间的夹角”选项用于标注两条直线之间的夹角。“根据三个点标注角度”选项则根据给定的三点标注出角度。

4. 直径标注

为圆或圆弧标注直径尺寸。

命令：DIMDIAMETER

单击【标注】工具栏上的（直径）按钮，或选择【标注】→【直径】命令，即执行 DIMDIAMETER 后，命令行提示：

选择圆弧或圆：　　//选择要标注直径的圆或圆弧

指定尺寸线位置或[多行文字(M)/文字(T)/角度(A)]：

如果在该提示下直接确定尺寸线的位置，AutoCAD 2010 按实际测量值标注出圆或圆弧的直径。也可以通过“多行文字（M）”“文字（T）”以及“角度（A）”选项确定尺寸文字和尺寸文字的旋转角度。

5. 半径标注

为圆或圆弧标注半径尺寸。

命令：DIMRADIUS

单击【标注】工具栏上的（半径）按钮，或选择【标注】→【半径】命令，即执行 DIMRADIUS 命令后，命令行提示：

选择圆弧或圆：　　//选择要标注半径的圆弧或圆

指定尺寸线位置或[多行文字(M)/文字(T)/角度(A)]：

根据需要响应即可。

6. 弧长标注

为圆弧标注长度尺寸。

命令：DIMARC

单击【标注】工具栏上的（弧长）按钮，或选择【标注】→【弧长】命令，即执行 DIMARC 命令后，命令行提示：

选择弧线段或多段线弧线段：(选择圆弧段)

指定弧长标注位置或[多行文字(M)/文字(T)/角度(A)/部分(P)/引线(L)]：

根据需要响应即可。

7. 折弯标注

为圆或圆弧创建折弯标注。

命令：DIMJOGGED

单击【标注】工具栏上的（折弯）按钮，或选择【标注】→【折弯】命令，即执行 DIMJOGGED 命令后，命令行提示：

选择圆弧或圆：　　//选择要标注尺寸的圆弧或圆

指定中心位置替代：　　//指定折弯半径标注的新中心点，以替代圆弧或圆的实际中心点

指定尺寸线位置或[多行文字(M)/文字(T)/角度(A)]：　　//确定尺寸线的位置，或进行其他设置

指定折弯位置：　　//指定折弯位置

根据需要响应即可。

8. 连续标注

连续标注指在标注出的尺寸中，相邻两尺寸线共用同一条尺寸界线，如图 7–16、图 7–17 所示。

命令：DIMCONTINUE

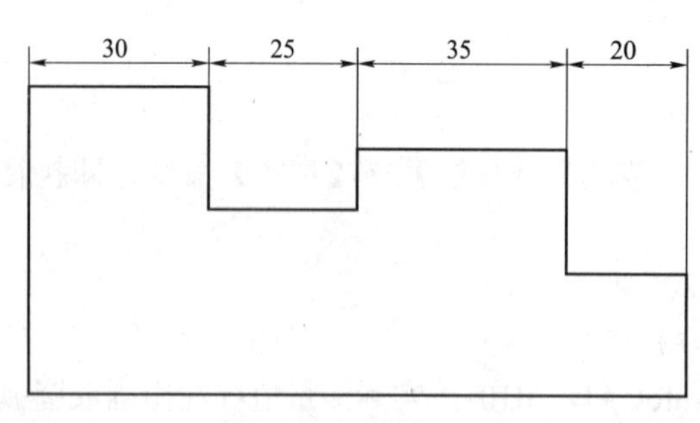

图 7–16　连续标注

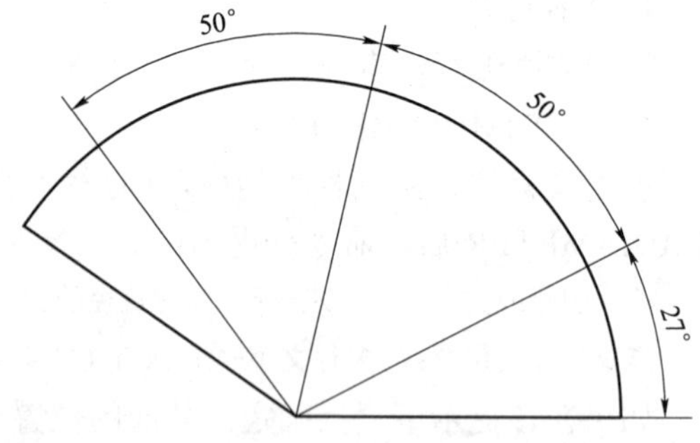

图 7–17　角度标注

单击【标注】工具栏上的（连续）按钮，或选择【标注】→【连续】命令，即执行 DIMCONTINUE 命令后，命令行提示：

指定第二条尺寸界线原点或[放弃(U)/选择(S)]<选择>：

（1）指定第二条尺寸界线原点。

确定下一个尺寸的第二条尺寸界线的起始点。用户响应后，AutoCAD 2010 按连续标注

方式标注出尺寸，即把上一个尺寸的第二条尺寸界线作为新尺寸标注的第一条尺寸界线标注尺寸，而后 AutoCAD 2010 继续提示：

指定第二条尺寸界线原点或[放弃(U)/选择(S)]<选择>:

此时可再确定下一个尺寸的第二条尺寸界线的起点位置。当用此方式标注出全部尺寸后，在上述同样的提示下按【Enter】键或【Space】键，结束命令的执行。

（2）选择【S】。

该选项用于指定连续标注将从哪一个尺寸的尺寸界线引出。执行该选项后，命令行提示：

选择连续标注:

在该提示下选择尺寸界线后，AutoCAD 2010 会继续提示：

指定第二条尺寸界线原点或[放弃(U)/选择(S)]<选择>:

在该提示下标注出的下一个尺寸会以指定的尺寸界线作为其第一条尺寸界线。执行连续尺寸标注时，有时需要先执行“选择（S）”选项来指定引出连续尺寸的尺寸界线。

9. 基线标注

基线标注指各尺寸线从同一条尺寸界线处引出。

命令：DIMBASELINE

单击【标注】工具栏上的（基线）按钮，或选择【标注】→【基线】命令，即执行 DIMBASELINE 命令后，命令行提示：

指定第二条尺寸界线原点或[放弃(U)/选择(S)]<选择>:

（1）指定第二条尺寸界线原点。

确定下一个尺寸的第二条尺寸界线的起始点。确定后 AutoCAD 2010 按基线标注方式标注出尺寸，而后继续提示：

指定第二条尺寸界线原点或[放弃(U)/选择(S)]<选择>:

此时可再确定下一个尺寸的第二条尺寸界线起点位置。用此方式标注出全部尺寸后，在同样的提示下按【Enter】键或【Space】键，结束命令的执行。

（2）选择（S）。

该选项用于指定基线标注时作为基线的尺寸界线。执行该选项后，命令行提示：

选择基准标注:

在该提示下选择尺寸界线后，AutoCAD 2010 继续提示：

指定第二条尺寸界线原点或[放弃(U)/选择(S)]<选择>:

在该提示下标注出的各尺寸均从指定的基线引出。执行基线尺寸标注时，有时需要先执行“选择（S）”选项来指定引出基线尺寸的尺寸界线。

10. 绘圆心标记

为圆或圆弧绘圆心标记或中心线。

命令：DIMCENTER

单击【标注】工具栏上的（圆心标记）按钮，或选择【标注】→【圆心标记】命令，即执行 DIMCENTER 命令后，命令行提示：

选择圆弧或圆:

在该提示下选择圆弧或圆即可。

三、多重引线标注

利用多重引线标注，用户可以标注（标记）注释、说明等。

1. 多重引线样式

用户可以设置多重引线的样式。

命令：MLEADERSTYLE

单击【多重引线】工具栏上的（多重引线样式）按钮，或执行 MLEADERSTYLE 命令，而后 AutoCAD 2010 打开【多重引线样式管理器】对话框，如图 7–18 所示。

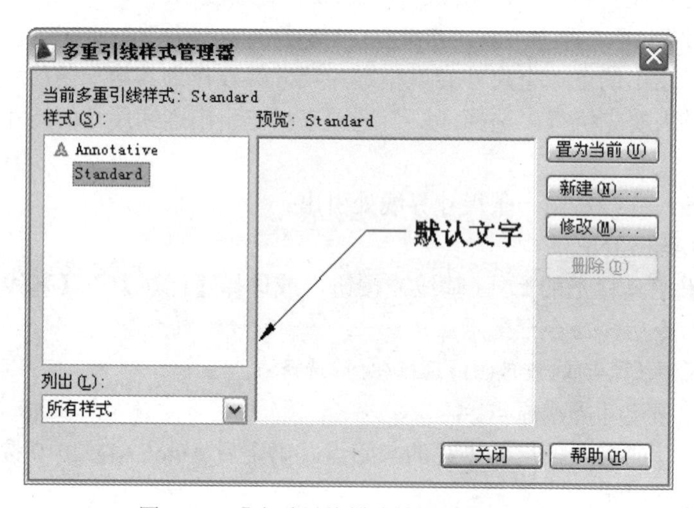

图 7–18 【多重引线样式管理器】对话框

在对话框中，“当前多重引线样式”用于显示当前多重引线样式的名称。“样式”列表框用于列出已有的多重引线样式的名称。“列出”下拉列表框用于确定要在“样式”列表框中列出哪些多重引线样式。“预览”图像框用于预览在“样式”列表框中所选中的多重引线样式的标注效果。【置为当前】按钮用于将指定的多重引线样式设为当前样式。【新建】按钮用于创建新多重引线样式。单击【新建】按钮，AutoCAD 2010 打开如图 7–19 所示的【创建新多重引线样式】对话框。用户可以通过对话框中的“新样式名”文本框指定新样式的名称；通过“基础样式”下拉列表框确定用于创建新样式的基础样式。确定新样式的名称和相关设置后，单击【继续】按钮，AutoCAD 2010 打开对应的对话框，如图 7–20 所示。

图 7–19 【创建新多重引线样式】对话框

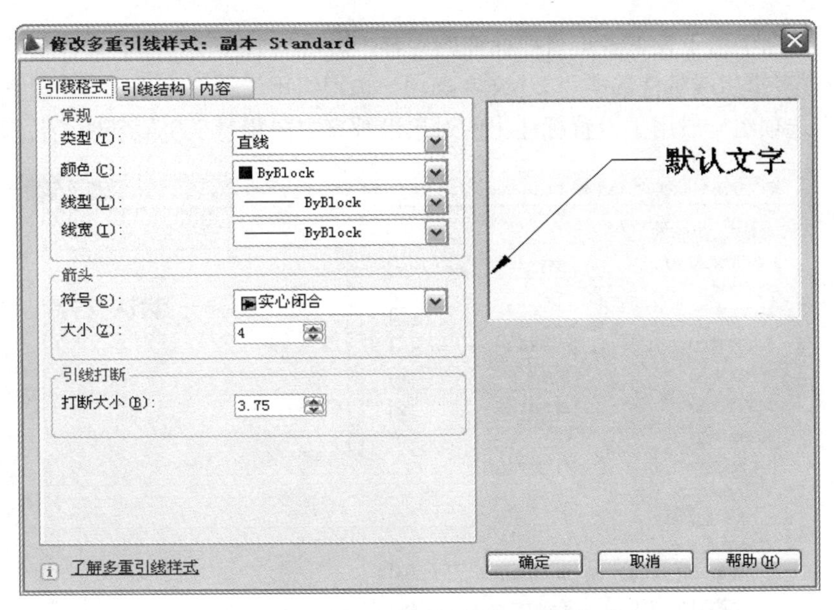

图 7–20　修改多重引线样式—引线格式

对话框中有【引线格式】、【引线结构】和【内容】3 个选项卡，下面分别介绍这些选项卡。

【引线格式】选项卡用于设置引线的格式。“常规”选项组用于设置引线的外观。“箭头”选项组用于设置箭头的样式与大小。“引线打断”选项用于设置引线打断时的距离值。预览框用于预览对应的引线样式。

【引线结构】选项卡用于设置引线的结构，如图 7–21 所示。“约束”选项组用于控制多重引线的结构。“基线设置”选项组用于设置多重引线中的基线。“比例”选项组用于设置多重引线标注的缩放关系。

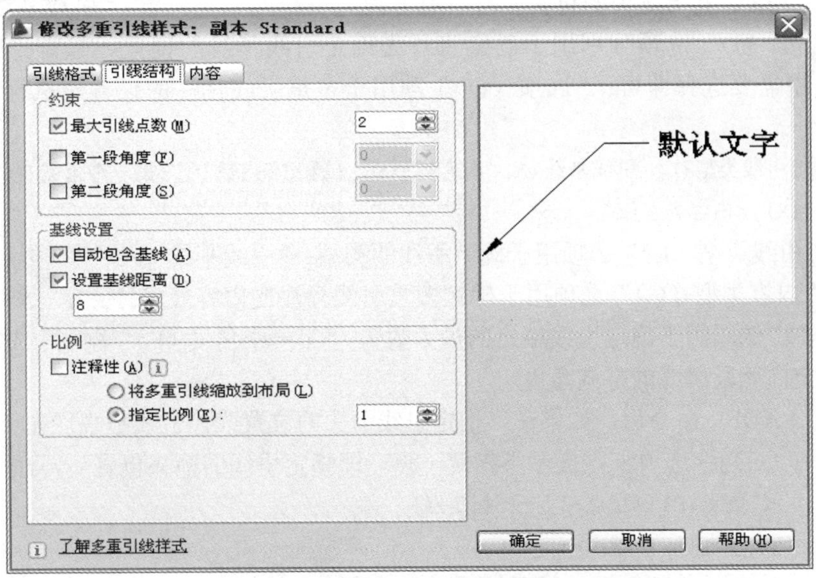

图 7–21　修改多重引线样式—引线结构

【内容】选项卡用于设置多重引线标注的内容，如图 7–22 所示。“多重引线类型”下拉列表框用于设置多重引线标注的类型。“文字选项”选项组用于设置多重引线标注的文字内容。“引线连接”选项组一般用于设置标注出的对象沿垂直方向相对于引线基线的位置。

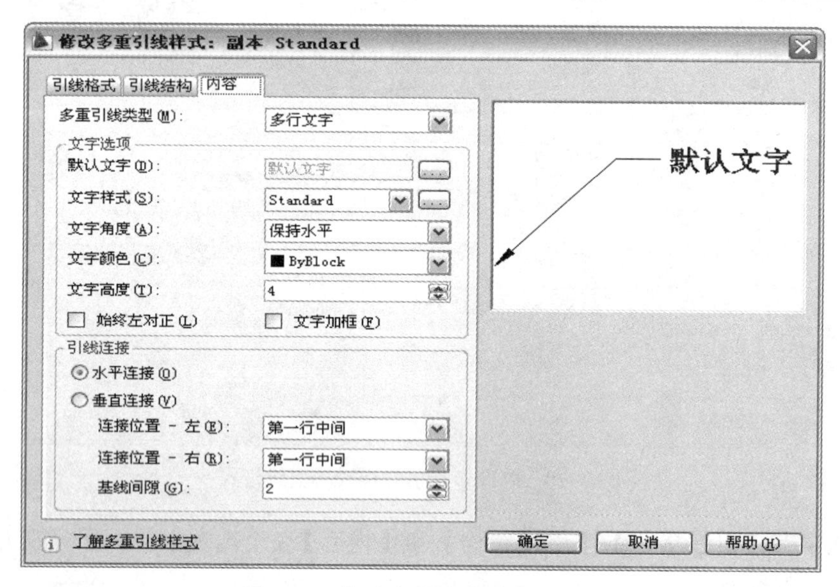

图 7–22　修改多重引线样式—内容

2. 多重引线标注

命令：MLEADER

单击【多重引线】工具栏上的（多重引线）按钮执行，即执行 MLEADER 命令，而后命令行提示：

指定引线箭头的位置或[引线基线优先(L)/内容优先(C)/选项(O)]<选项>:

提示中，“指定引线箭头的位置”选项用于确定引线的箭头位置；“引线基线优先（L）”和“内容优先（C）”选项分别用于确定将首先确定引线基线的位置还是首先确定标注内容，用户根据需要选择即可；“选项（O）”项用于多重引线标注的设置，执行该选项后，命令行提示：

输入选项[引线类型(L)/引线基线(A)/内容类型(C)/最大节点数(M)/第一个角度(F)/第二个角度(S)/退出选项(X)]<内容类型>:

其中，“引线类型（L）”选项用于确定引线的类型；“引线基线（A）”选项用于确定是否使用基线；“内容类型（C）”选项用于确定多重引线标注的内容（多行文字、块或无）；“最大节点数（M）”选项用于确定引线端点的最大数量；“第一个角度（F）”和“第二个角度（S）”选项用于确定前两段引线的方向角度。

执行 MLEADER 命令后，如果在“指定引线箭头的位置或［引线基线优先（L）/内容优先（C）/选项（O）］<选项>:”提示下指定一点，即指定引线的箭头位置后，命令行提示：

指定下一点或[端点(E)]<端点>:　　//指定点

指定下一点或[端点(E)]<端点>:

在该提示下依次指定各点，然后按【Enter】键，AutoCAD 2010 弹出文字编辑器，如

图 7–23 所示。

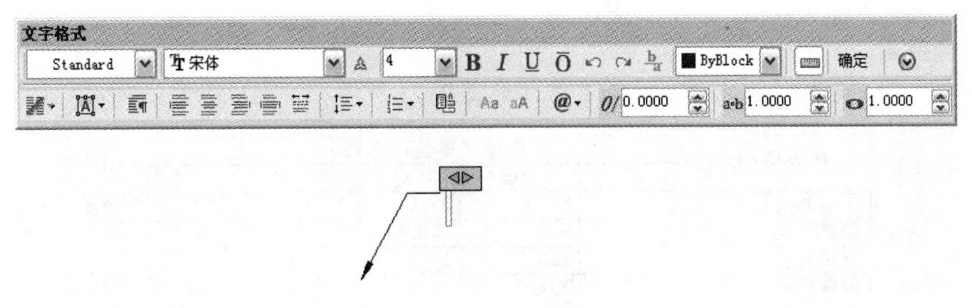

图 7–23　文字编辑器

通过文字编辑器输入对应的多行文字后，单击【文字格式】工具栏上的【确定】按钮，即可完成引线标注。

小结

本模块介绍了 AutoCAD 2010 的标注尺寸功能。与标注文字一样，如果 AutoCAD 2010 提供的尺寸标注样式不满足标注要求，那么在标注尺寸之前，应首先设置标注样式。当以某一样式标注尺寸时，应将该样式置为当前样式。AutoCAD 2010 将尺寸标注分为线性标注、对齐标注、直径标注、半径标注、连续标注、基线标注和引线标注等多种类型。标注尺寸时，首先应清楚要标注尺寸的类型，然后执行对应的命令，再根据提示操作即可。此外，利用 AutoCAD 2010，用户可以方便地为图形标注尺寸公差和形位公差，可以编辑已标注的尺寸与公差。

利用参数化功能，可以为图形对象建立几何约束和标注约束，能够实现尺寸驱动，即当改变图形的尺寸参数后，图形会自动发生相应的变化。

技能训练

任务 1　尺寸标注样式的使用方法

任务要求：

绘制机房侧面图，如图 7–24 所示。

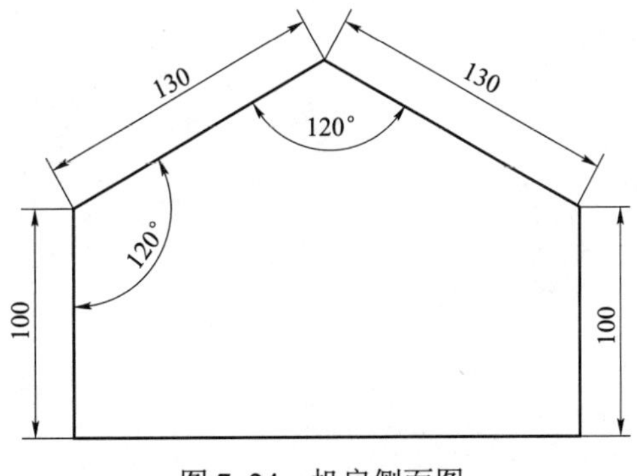

图 7–24　机房侧面图

任务 2　文字和图表的使用

任务要求：

掌握文字、表格设置方法，绘制表格，如图 7–25 所示。

任务类型	工作量（单位：人时）				
	A	B	C	D	小计
了解系统需求	24.1	34	33.5	23	114.6
测试计划	70	8.5	138.5		217
测试需求	36	225.7	14.5	26.1	302.3
测试设计	30	124.5	16	23.1	193.6
测试脚本		193.7		118.7	193.7
测试执行	78.8	644.5	284.5	160.8	1168.6
测试报告		3.5	20		23.5
沟通	5	11.1	96	7.8	116.7
会议	4		35		39
测试管理		11.1	14.5		25.6
测试环境搭建		3.5			3.5
缺陷处理		4.5			4.5
性能测试准备			19		19
测试工具学习		32.5	37	9.9	69.5
性能测试计划	4.4		13		17.4
性能测试用例			1		1
性能测试脚本		1	19	11.1	20
性能测试执行			0.8	2	0.8
性能测试总结					0
其他		19.5	6	2.5	21.5
合计	252.3	1317.6	748.3	385	2551.2

图 7–25　测试分析报表

通信工程图纸绘制

内容导读

通信光缆线路工程图解读
通信光缆线路工程图绘制步骤
通信设备安装工程图解读
通信设备安装工程图绘制步骤

单元1　通信光缆线路工程图绘制

内容导入

通信工程设计中通信光缆线路工程图纸的绘制至关重要。通信光缆线路工程图包括直埋线路施工图、架空杆路图和通信管道施工图。本单元将主要介绍通信光缆线路工程图的绘制步骤及内容。

单元目标

（1）认识通信光缆线路工程图；
（2）掌握通信光缆线路工程图的绘制内容。

知识内容

一、整体关系

通过阅读图纸编号可知，图 8–1、图 8–2 为属于同一单项工程的通信线路工程施工图纸，而图 8–3 为另一种独立单项工程的通信线路工程施工图纸。

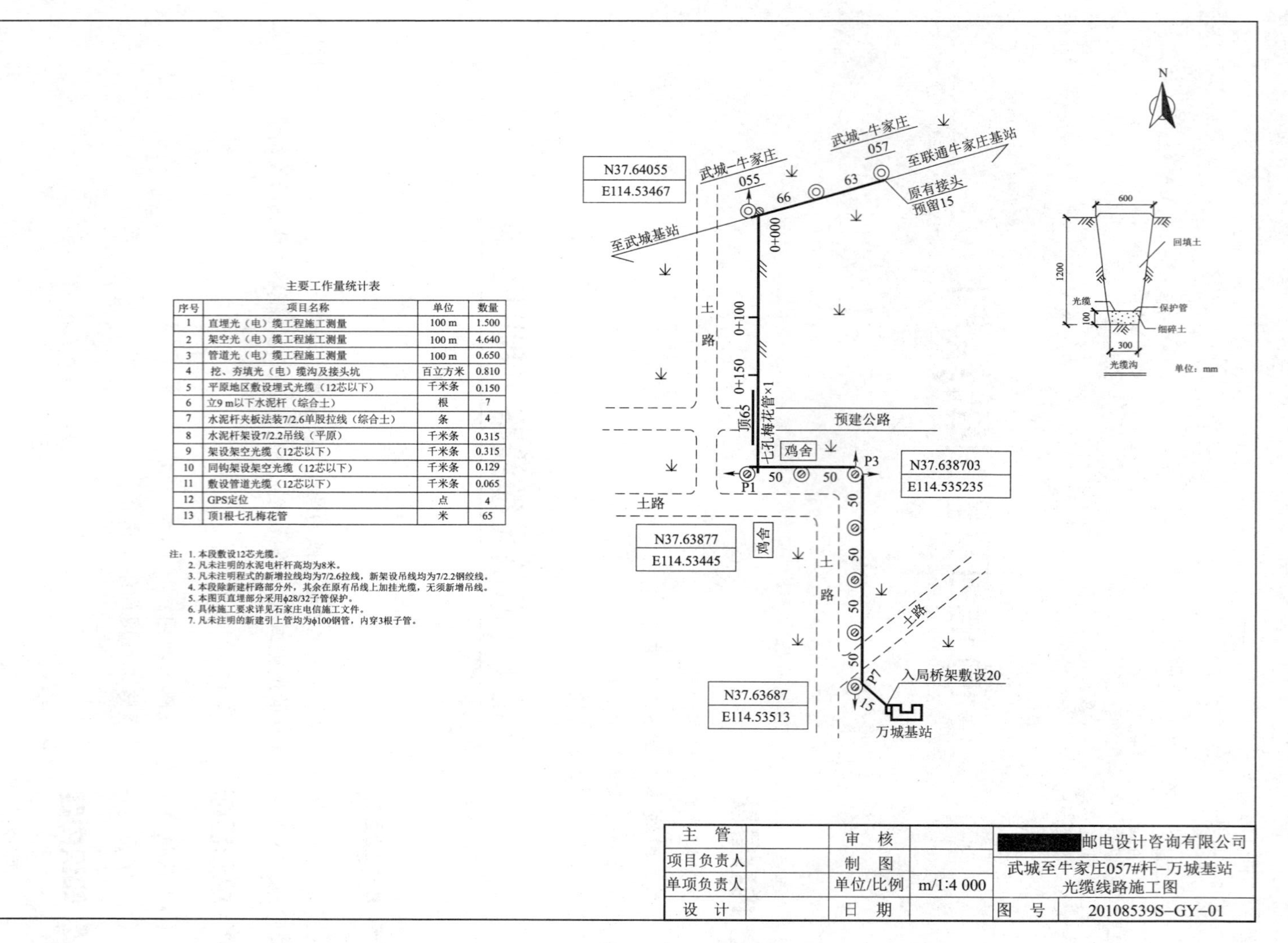

主要工作量统计表

序号	项目名称	单位	数量
1	直埋光（电）缆工程施工测量	100 m	1.500
2	架空光（电）缆工程施工测量	100 m	4.640
3	管道光（电）缆工程施工测量	100 m	0.650
4	挖、夯填光（电）缆沟及接头坑	百立方米	0.810
5	平原地区敷设埋式光缆（12芯以下）	千米条	0.150
6	立9 m以下水泥杆（综合土）	根	7
7	水泥杆夹板法装7/2.6单股拉线（综合土）	条	4
8	水泥杆架设7/2.2吊线（平原）	千米条	0.315
9	架设架空光缆（12芯以下）	千米条	0.315
10	同钩架设架空光缆（12芯以下）	千米条	0.129
11	敷设管道光缆（12芯以下）	千米条	0.065
12	GPS定位	点	4
13	顶1根七孔梅花管	米	65

注：1. 本段敷设12芯光缆。
2. 凡未注明的水泥电杆杆高均为8米。
3. 凡未注明程式的新增拉线均为7/2.6拉线，新架设吊线均为7/2.2钢绞线。
4. 本段除新建杆路部分外，其余在原有吊线上加挂光缆，无须新增吊线。
5. 本图页直埋部分采用φ28/32子管保护。
6. 具体施工要求详见石家庄电信施工文件。
7. 凡未注明的新建引上管均为φ100钢管，内穿3根子管。

主　管		审　核		███邮电设计咨询有限公司	
项目负责人		制　图		武城至牛家庄057#杆–万城基站 光缆线路施工图	
单项负责人		单位/比例	m/1∶4 000		
设　计		日　期		图　号	20108539S–GY–01

图 8-1　光缆线路施工图（1）

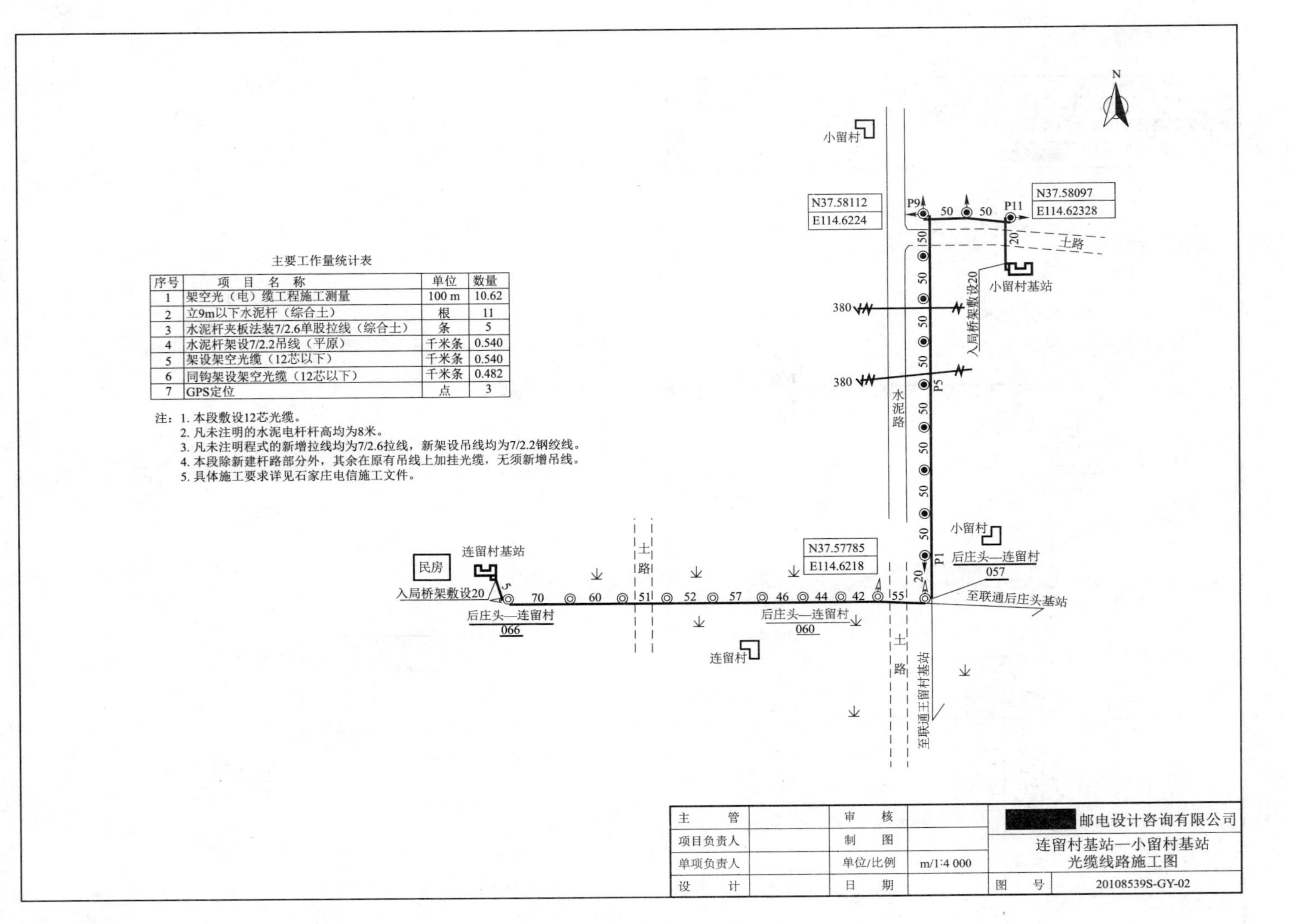

主要工作量统计表

序号	项　目　名　称	单位	数量
1	架空光（电）缆工程施工测量	100 m	10.62
2	立9m以下水泥杆（综合土）	根	11
3	水泥杆夹板法装7/2.6单股拉线（综合土）	条	5
4	水泥杆架设7/2.2吊线（平原）	千米条	0.540
5	架设架空光缆（12芯以下）	千米条	0.540
6	同钩架设架空光缆（12芯以下）	千米条	0.482
7	GPS定位	点	3

注：1. 本段敷设12芯光缆。
2. 凡未注明的水泥电杆杆高均为8米。
3. 凡未注明程式的新增拉线均为7/2.6拉线，新架设吊线均为7/2.2钢绞线。
4. 本段除新建杆路部分外，其余在原有吊线上加挂光缆，无须新增吊线。
5. 具体施工要求详见石家庄电信施工文件。

图 8–2　光缆线路施工图（2）

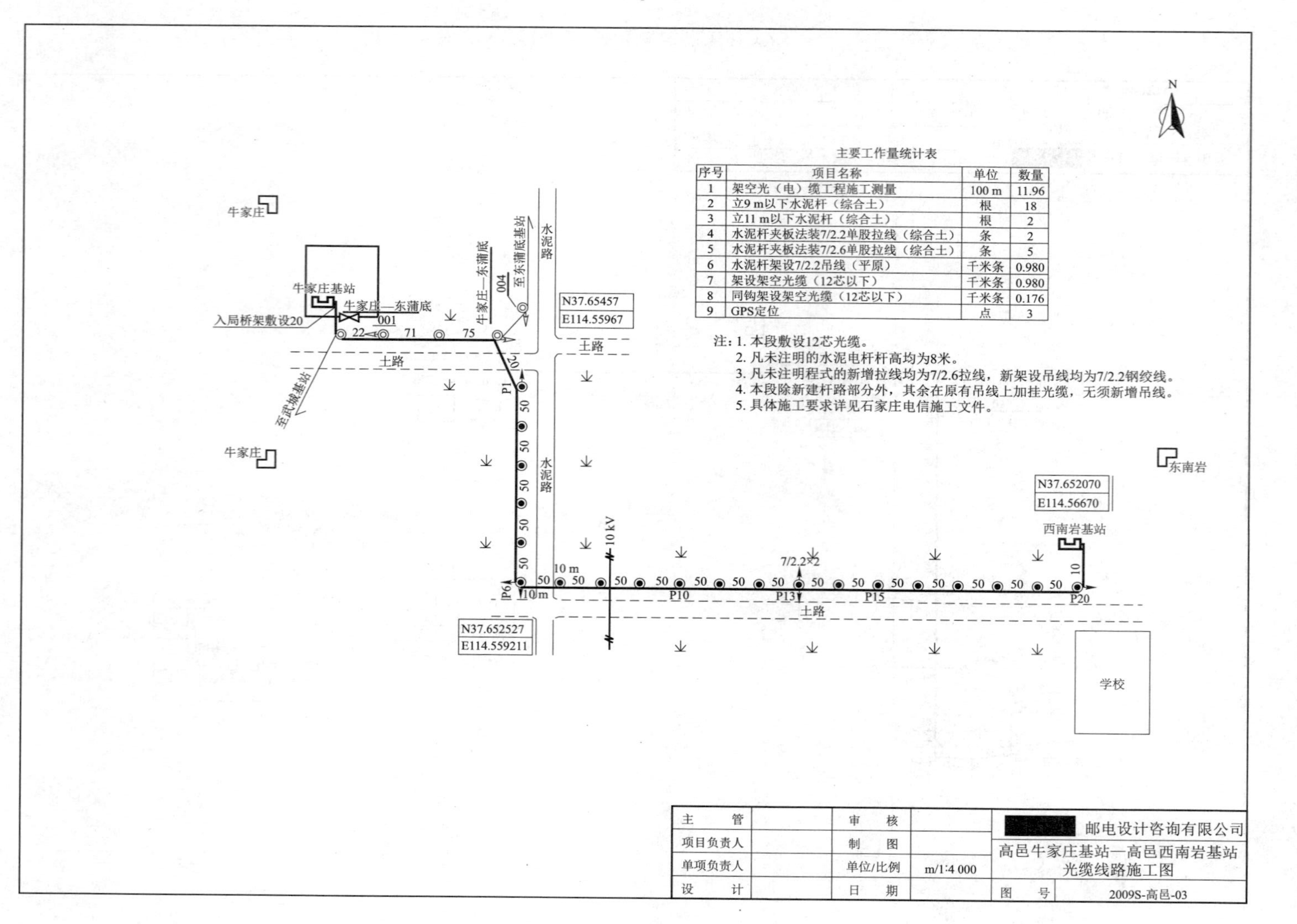

主要工作量统计表

序号	项目名称	单位	数量
1	架空光（电）缆工程施工测量	100 m	11.96
2	立9 m以下水泥杆（综合土）	根	18
3	立11 m以下水泥杆（综合土）	根	2
4	水泥杆夹板法装7/2.2单股拉线（综合土）	条	2
5	水泥杆夹板法装7/2.6单股拉线（综合土）	条	5
6	水泥杆架设7/2.2吊线（平原）	千米条	0.980
7	架设架空光缆（12芯以下）	千米条	0.980
8	同钩架设架空光缆（12芯以下）	千米条	0.176
9	GPS定位	点	3

注：1. 本段敷设12芯光缆。
2. 凡未注明的水泥电杆杆高均为8米。
3. 凡未注明程式的新增拉线均为7/2.6拉线，新架设吊线均为7/2.2钢绞线。
4. 本段除新建杆路部分外，其余在原有吊线上加挂光缆，无须新增吊线。
5. 具体施工要求详见石家庄电信施工文件。

主　管		审　核		邮电设计咨询有限公司	
项目负责人		制　图		高邑牛家庄基站—高邑西南岩基站光缆线路施工图	
单项负责人		单位/比例	m/1:4 000		
设　计		日　期		图　号	2009S-高邑-03

图 8-3　光缆线路施工图（3）

图纸比例统一采用 1:4 000。

二、绘制步骤及内容

1. 通信光缆线路工程图绘制步骤

步骤 1：新建.dwg 文件。

步骤 2：根据图纸内容分图层，通常分为图框层、参照物层、路由层和文字说明层。

注意：此线路图中的尺寸一般用文字注释，而不用尺寸标注。

2. 通信光缆线路工程图绘制

（1）图框层绘制的主要内容：通常包括图框、图衔。

（2）参照物层绘制的主要内容：通常为通信线路周边的道路、建筑物等。

（3）路由层绘制的主要内容：通常为杆路、人孔和直埋及相应的光缆线路，也包括引上线路、管道剖面图等。

（4）文字说明层通常为工程量表及相关文字说明。

单元 2　通信设备安装工程图绘制

内容导入

通信设备安装工程作为通信工程的重要组成部分之一，其图纸绘制与通信线路工程图纸绘制内容相比有明显的区别。本单元将主要介绍通信设备安装工程图的绘制步骤及内容。

单元目标

（1）认识通信设备安装工程图；

（2）掌握通信设备安装工程图的绘制内容。

知识内容

一、图纸总体分析

通信设备安装工程图纸类型较多，在模块 2 单元 3 中已详细介绍过。本单元中给出了三种不同类型的通信设备安装工程图纸，包括设备平面布置图（见图 8–4）、分工界面图（见图 8–5）和电源室施工图（见图 8–6）。

除了分工界面图外，其他两种图纸的比例都是 1:100。

二、绘制步骤及内容

1. 通信设备安装工程图绘制步骤

步骤 1：新建.dwg 文件。

步骤 2：根据图纸内容分图层，通常分为图框层、设备层、建筑层、尺寸标注层（分工界面图中不需要本层）和文字说明层。

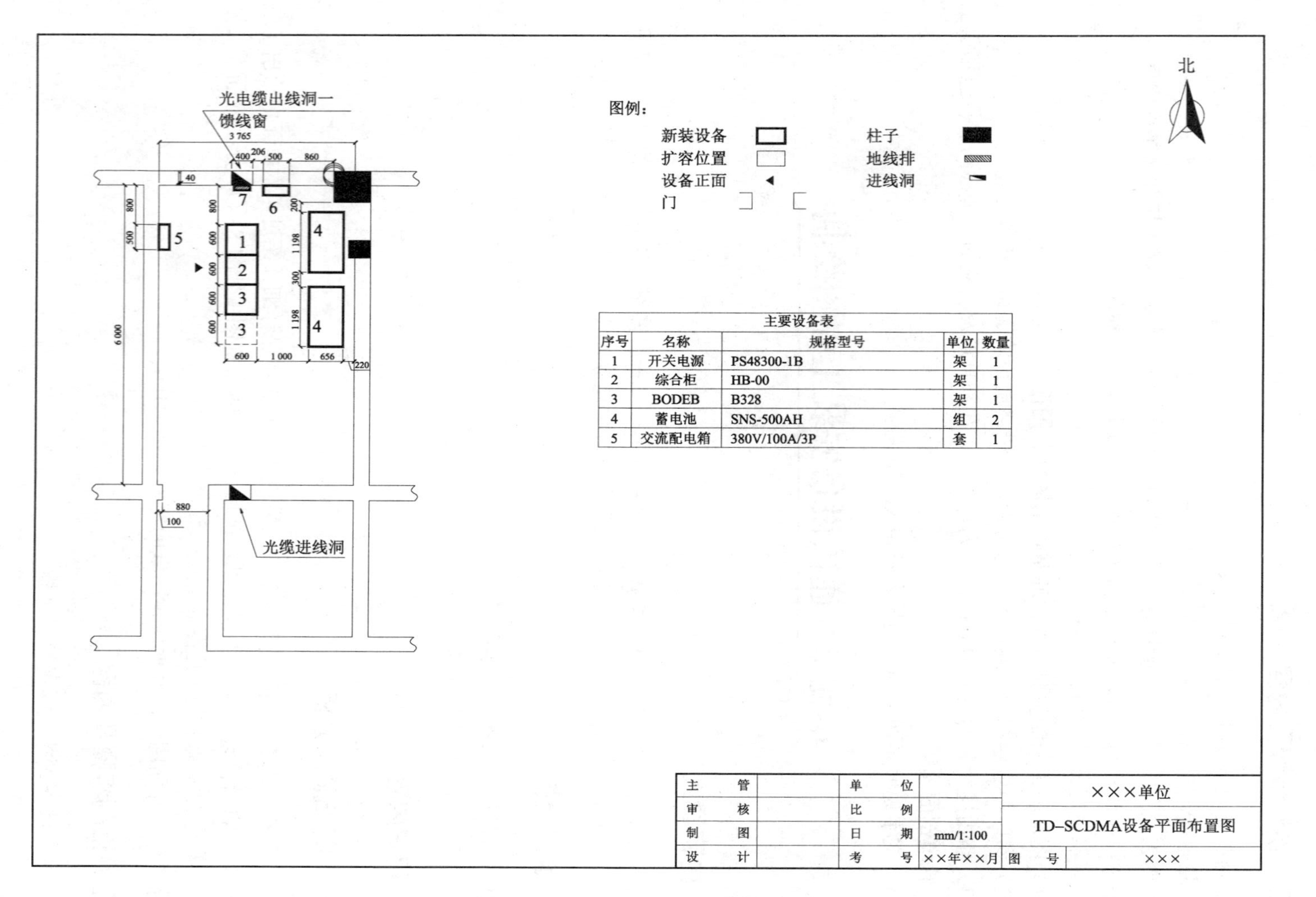

主要设备表				
序号	名称	规格型号	单位	数量
1	开关电源	PS48300-1B	架	1
2	综合柜	HB-00	架	1
3	BODEB	B328	架	1
4	蓄电池	SNS-500AH	组	2
5	交流配电箱	380V/100A/3P	套	1

图 8-4　TD-SCDMA设备平面布置图

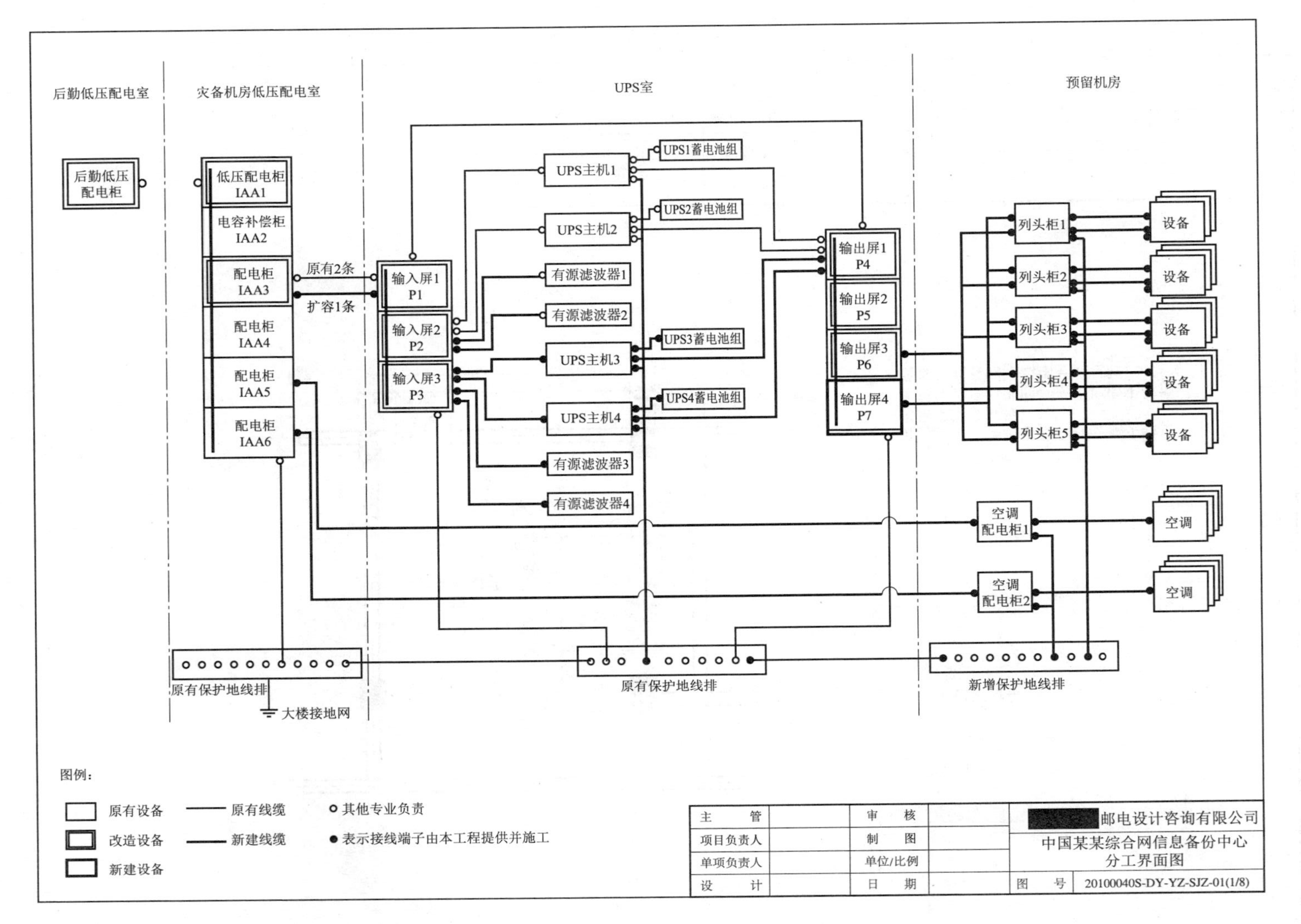

后勤低压配电室
灾备机房低压配电室
UPS室
预留机房
后勤低压配电柜
低压配电柜 IAA1
电容补偿柜 IAA2
配电柜 IAA3
配电柜 IAA4
配电柜 IAA5
配电柜 IAA6
原有2条
扩容1条
输入屏1 P1
输入屏2 P2
输入屏3 P3
UPS主机1
UPS主机2
有源滤波器1
有源滤波器2
UPS主机3
UPS主机4
有源滤波器3
有源滤波器4
UPS1蓄电池组
UPS2蓄电池组
UPS3蓄电池组
UPS4蓄电池组
输出屏1 P4
输出屏2 P5
输出屏3 P6
输出屏4 P7
列头柜1
列头柜2
列头柜3
列头柜4
列头柜5
设备
空调配电柜1
空调配电柜2
空调
原有保护地线排
大楼接地网
原有保护地线排
新增保护地线排
图例：
原有设备
改造设备
新建设备
原有线缆
新建线缆
○ 其他专业负责
● 表示接线端子由本工程提供并施工
主　管
项目负责人
单项负责人
设　计
审　核
制　图
单位/比例
日　期
邮电设计咨询有限公司
中国某某综合网信息备份中心
分工界面图
图　号
20100040S-DY-YZ-SJZ-01(1/8)

图 8–5　分工界面图

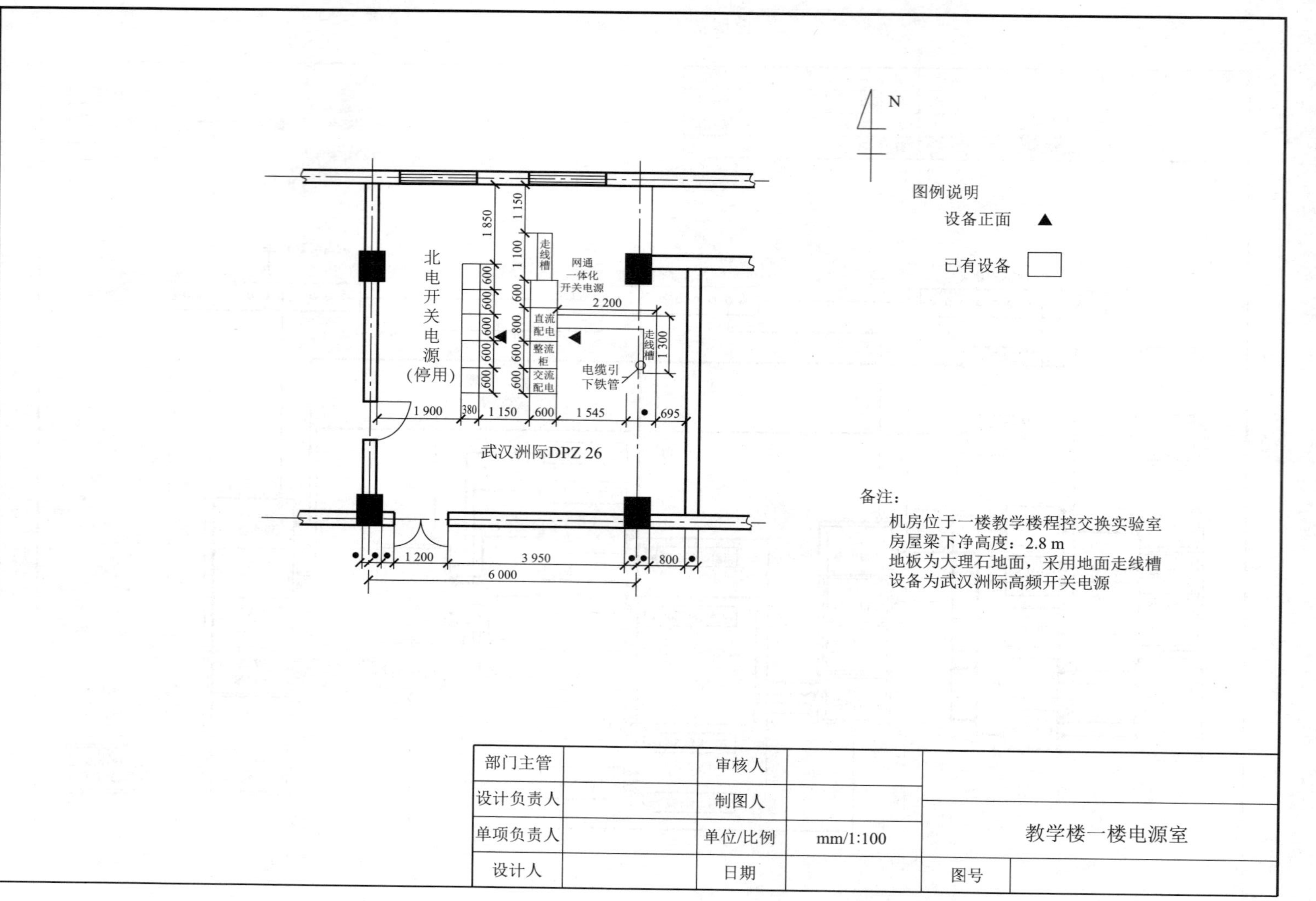
N
图例说明
设备正面 ▲
已有设备
北电开关电源（停用）
走线槽
网通一体化开关电源
直流配电
整流柜
交流配电
走线槽
电缆引下铁管
武汉洲际DPZ 26
1 850
1 150
1 100
600
800
600
600
2 200
1 300
1 900
380
1 150
600
1 545
695
1 200
3 950
800
6 000
备注：
机房位于一楼教学楼程控交换实验室
房屋梁下净高度：2.8 m
地板为大理石地面，采用地面走线槽
设备为武汉洲际高频开关电源
部门主管
审核人
设计负责人
制图人
单项负责人
单位/比例
mm/1:100
设计人
日期
教学楼一楼电源室
图号

图 8-6　电源室施工图

注意：此设备安装工程图中的尺寸绘制时按照实际尺寸绘制，图纸比例指通过缩放图框的比例。

2. 通信设备安装工程图绘制内容

（1）图框层绘制的主要内容：通常包括图框、图衔。

（2）设备层绘制的主要内容：通常为设备（一般包括新、旧设备和预留设备，绘制线型分别为加粗实线、细实线和虚线）、走线架等。

（3）建筑层绘制的主要内容：通常为设备安装所在位置的建筑结构绘制，包括墙、门、立柱等。

（4）尺寸标注层的主要内容：需要设置合适的尺寸标注样式。

注意：由于设备安装一般在建筑内，因此采用的尺寸标注起止符号通常为建筑符号。

（5）文字说明层的主要内容：通常包括图例说明、设备规格型号说明和其他需要说明的问题等。

小结

1. 通信光缆线路工程图的绘制步骤

步骤 1：新建.dwg 文件。

步骤 2：根据图纸内容分图层，通常分为图框层、参照物层、路由层和文字说明层。

注意：此线路图中的尺寸一般用文字，而不用尺寸标注。

2. 通信光缆线路工程图的绘制内容

（1）图框层绘制的主要内容：通常包括图框、图衔。

（2）参照物层绘制的主要内容：通常为通信线路周边的道路、建筑物等。

（3）路由层绘制的主要内容：通常为杆路、人孔和直埋及相应的光缆线路，也包括引上线路、管道剖面图等。

（4）文字说明层通常为工程量表及相关文字说明。

3. 通信设备安装工程图的绘制步骤

步骤 1：新建.dwg 文件。

步骤 2：根据图纸内容分图层，通常分为图框层、设备层、建筑层、尺寸标注层（分工界面图中不需要本层）和文字说明层。

注意：此设备安装工程图中的尺寸绘制时按照实际尺寸绘制，图纸比例指通过缩放图框的比例。

4. 通信设备安装工程图的绘制内容

（1）图框层绘制的主要内容：通常包括图框、图衔。

（2）设备层绘制的主要内容：通常为设备（一般包括新、旧设备和预留设备，绘制线型分别为加粗实线、细实线和虚线）、走线架等。

（3）建筑层绘制的主要内容：通常为设备安装所在位置的建筑结构绘制，包括墙、门、立柱等。

（4）尺寸标注层的主要内容：需要设置合适的尺寸标注样式。

注意：由于设备安装一般在建筑内，因此采用的尺寸标注起止符号通常为建筑符号。

（5）文字说明层的主要内容：通常包括图例说明、设备规格型号说明和其他需要说明的问题等。

 技能训练

1. 实训内容

（1）依据勘察草图绘制通信工程图。

（2）依据所给图纸绘制通信工程图。

2. 实训目的

（1）能够规范勘察草图绘制。

（2）能够使用绘图软件进行通信工程图纸绘制。

（3）绘制过程中能够进一步掌握勘测及制图知识。

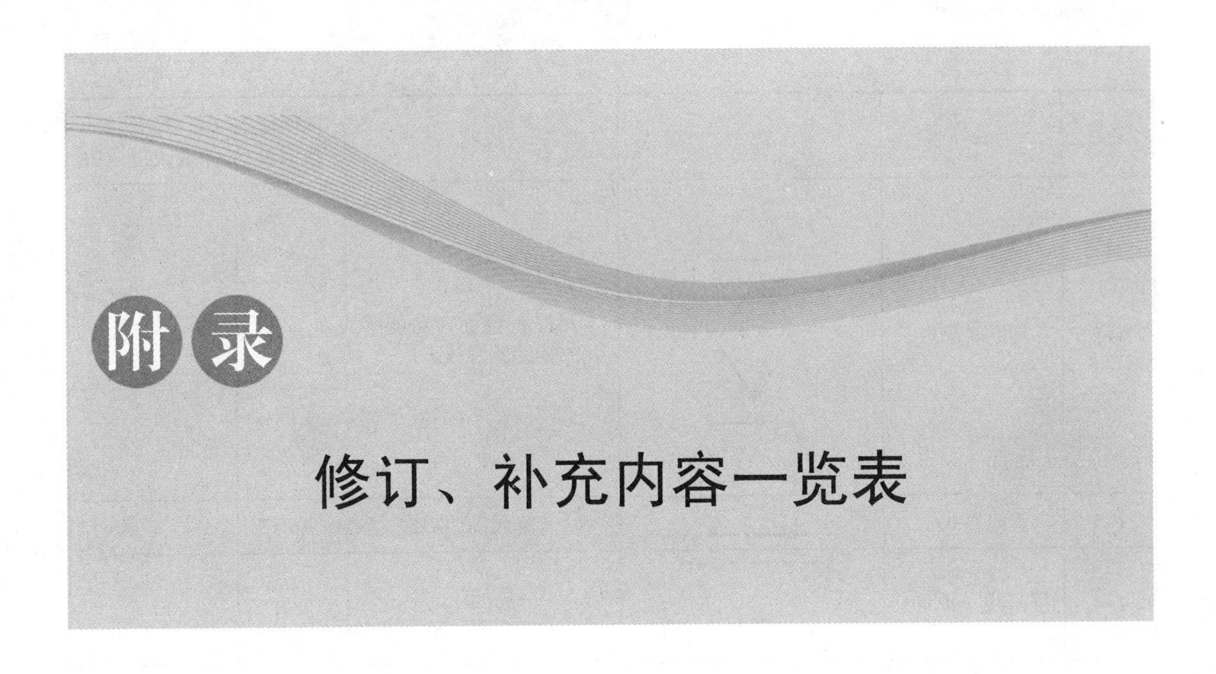

附录

修订、补充内容一览表

图形符号

1　符号要素

序号	名称	图例	说明	图例修改情况	新增图例及原有改进理由
1-1	基本轮廓线		元件、装置、功能单元的基本轮廓线	原有改进	增加椭圆

续表

序号	名称	图例	说明	图例修改情况	新增图例及原有改进理由
1–2	辅助轮廓线	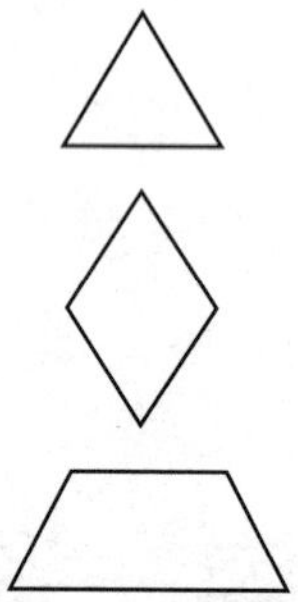	元件、装置、功能单元的辅助轮廓线	原有	
1–3	边界线		功能单元的边界线	原有	
1–4	屏蔽线（护罩）			原有	

2 限定符号

序号	名称	图例	说明	图例修改情况	新增图例及原有改进理由
2–1	非内在的可变性			原有	
2–2	非内在的非线性可变性	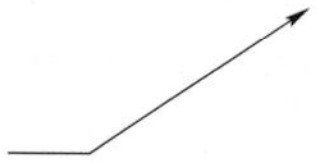		原有	
2–3	内在的可变性	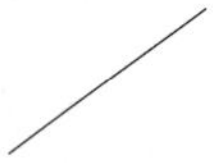		原有	
2–4	内在的非线性可变性			原有	
2–5	预调、微调	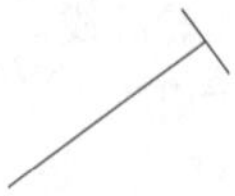		原有	
2–6	能量、信号的单向传播（单向传输）			原有	
2–7	同时发送和接收		同时双向传播（传输）	原有	

续表

序号	名称	图例	说明	图例修改情况	新增图例及原有改进理由
2–8	不同时发送和接收		不同时双向传播（传输）	原有	
2–9	发送			原有	
2–10	接收			原有	

3　连接符号

序号	名称	图例	说明	图例修改情况	新增图例及原有改进理由
3–1	连接、群连接	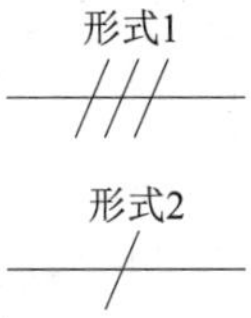 形式1 形式2	导线、电缆、线路、传输通道等的连接	原有	
3–2	T 形连接			原有	
3–3	双 T 形连接			原有	
3–4	十字双叉连接			原有	
3–5	跨越	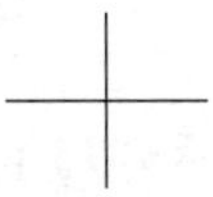		原有	
3–6	插座	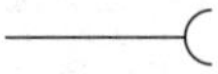	包含家用 2 孔、3 孔以及常用 4 孔	原有	
3–7	插头			原有	
3–8	插头和插座			原有	

4 传输系统

序号	名称	图例	说明	图例修改情况	新增图例及原有改进理由
4–1	传输设备节点基本符号		*：表示节点传输设备的类型； P：PDH 设备， S：SDH 设备， M：MSTP 设备， A：ASON 设备， W：WDM 设备， O：OTN 设备， F：分组传送设备 在图例不混淆情况下，可省略*的标识	原有改进	增加部分说明和标注
4–2	传输链路			新增	对应微波传输
4–4	双向光纤链路			新增	增加了光纤链路的表示
4–5	单向光纤链路			新增	
4–6	公务电话			原有	
4–7	延伸公务电话			原有	
4–8	设备内部时钟			原有	
4–9	大楼综合定时系统			原有	
4–10	时间同步设备	BT	B 表示 BITS 设备，T 表示时间同步	新增	增加了时间同步系统的图例
4–11	时钟同步设备	BF	B 表示 BITS 设备，F 表示频率同步	新增	增加了时钟同步系统的图例
4–12	网管设备			原有	

续表

序号	名称	图例	说明	图例修改情况	新增图例及原有改进理由
4–13	ODF/DDF 架			原有	
4–14	WDM 终端型波分复用设备		16/32/40/80 波等	原有	
4–15	WDM 光线路放大器		可变形为单向放大器	原有	
4–16	WDM 光分插复用器		16/32/40/80 波等	原有	
4–17	1:n 透明复用器		在图例不混淆情况下，可省略 1:n 的标识	原有改进	扩展了图例名称范围
4–18	SDH 终端复用器			原有	
4–19	SDH 分插复用器			原有	
4–20	SDH/PDH 中继器		可变形为单向中继器	原有改进	部分工程可能用到单向放大器，并考虑 PDH 中继器的应用
4–21	DXC 数字交叉连接设备			原有	
4–22	OTN 交叉设备			新增	OTN 新技术在工程中已有较多的应用
4–23	分组传送设备			新增	OTN 新技术在工程中已有较多的应用
4–24	PDH 终端设备			新增	分组传送技术在工程中已有较多的应用

5 通信线路

5.1 线路拓扑

序号	名称	图例	说明	图例修改情况	新增图例及原有改进理由
5-1	局站		适用于光缆图	新增	统一拓扑图中局的表示符号
5-2	局站（汇接局）		适用于拓扑图	新增	统一拓扑图中局的表示符号
5-3	局站（端局、接入机房、宏基站）		适用于拓扑图	新增	统一拓扑图中局的表示符号
5-4	光缆		适用于拓扑图	原有	
5-5	光缆线路	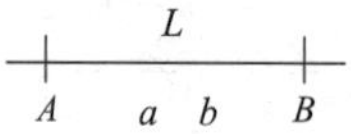 L A a b B	*a*、*b*: 光缆型号及芯数； *L*: *A*、*B* 两点之间光缆段长度（单位：米）； *A*、*B* 为分段标注的起始点	新增	规范拓扑图中该项目的表示方式
5-6	光缆直通接头	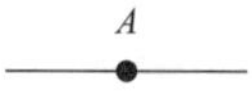 A	*A*：光缆接头地点	新增	规范拓扑图中该项目的表示方式
5-7	光缆分支接头	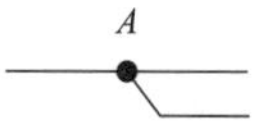 A	*A*：光缆接头地点	新增	规范拓扑图中该项目的表示方式
5-8	光缆拆除	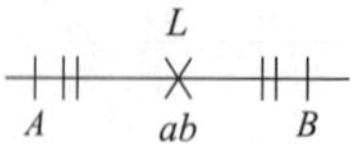 L A ab B	*A*、*B* 为分段标注的起始点； *ab*: 拆除光缆的型号及芯数； *L*: *A*、*B* 两点之间的光缆段长度（单位：米）	新增	规范拓扑图中该项目的表示方式
5-9	光缆更换	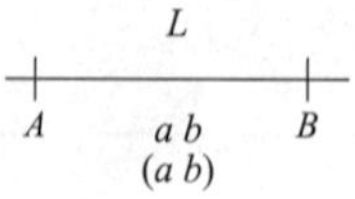 L A a b B (a b)	*A*、*B* 为分段标注的起始点； *ab*: 新建光缆的型号及芯数； (*ab*): 原有光缆的型号及芯数； *L*: *A*、*B* 两点之间的光缆段长度（单位：米）	新增	规范拓扑图中该项目的表示方式

续表

序号	名称	图例	说明	图例修改情况	新增图例及原有改进理由
5-10	光缆成端（骨干网）	ODF 1 2 ⋮ n-1 n	1. 数字：纤芯排序号； 2. 实心点代表成端；无实心点代表断开	新增	规范拓扑图中该项目的表示方式
5-11	光缆成端（一般网）	ODF GYTA-36D 1-36	GYTA-36D：为光缆的型号及容量； 1-36：光缆纤芯的号段	新增	规范拓扑图中该项目的表示方式
5-12	光纤活动连接器			原有	

5.2　线路标识

序号	名称	图例	说明	图例修改情况	新增图例及原有改进理由
5-13	直埋线路	L A B	*A*、*B* 为分段标注的起始点，应分段标注； *L*：为 *A*、*B* 端点之间的距离（单位：米）	原有改进	增加部分说明和标注
5-14	水下线路（或海底线路）	L A B	*A*、*B* 为分段标注的起始点，应分段标注； *L*：为 *A*、*B* 两端点之间的距离（单位：米）	原有改进	增加部分说明和标注
5-15	架空线路	L	*L*：为两杆之间的距离（单位：米），应分段标注	原有改进	增加部分说明和标注
5-16	管道线路	L A B	*A*、*B*：为两人（手）孔的位置，应分段标注； *L*：为两人（手）孔之间的管道段长（单位：米）	原有改进	增加部分说明和标注
5-17	管道线缆占孔位置图（双壁波纹管）（穿3根子管）	ab A–B	1. 画法：画于线路路由旁，按 *A–B* 方向分段标注； 2. 管道使用双壁波纹管管材，大圆为波纹管的管孔，小圆为波纹管内穿放的子管管孔； 3. 实心为圆为本工程占用，斜线为现状已占用； 4. *a*、*b*：敷设线缆的型号及容量	新增	对于不同管材的管孔断面分别增加图例规范并增加说明和标注

续表

序号	名称	图例	说明	图例修改情况	新增图例及原有改进理由
5–18	管道线缆占孔位置图（多孔一体管）	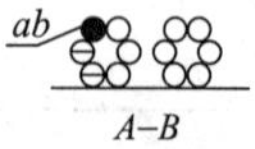 ab A–B	1. 画法：画于线路路由旁，按 A–B 方向分段标注； 2. 管道使用梅花管管材； 3. 实心为圆为本工程占用，斜线为现状已占用； 4. a、b：敷设线缆的型号及容量	新增	对于不同管材的管孔断面分别增加图例规范并增加说明和标注
5–19	管道线缆占孔位置图（栅格管）	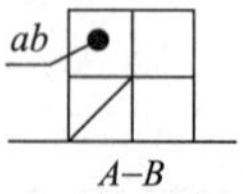 ab A–B	1. 画法：画于线路路由旁，按 A–B 方向分段标注； 2. 管道用栅格管管材； 3. 实心为圆为本工程占用，斜线为现状已占用； 4. a、b：敷设线缆的型号及容量	新增	对于不同管材的管孔断面分别增加图例规范并增加说明和标注
5–20	墙壁架挂线路（吊线式）	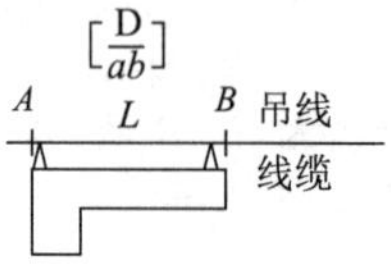 [D/ab] A L B 吊线 线缆	1. 三角形为吊线支持物； 2. 三角形上方线段为吊线及线缆； 3. A、B 为分段标注的起始点； 4. L 为 A、B 两点之间的段长（单位：米），应按 A–B 分段标注； 5. D 为吊线的程式； 6. [a、b]为线缆的型号及容量	新增	对于不同沿墙布放方式分别增加图例规范并增加说明和标注
5–21	墙壁架挂线路（钉固式）	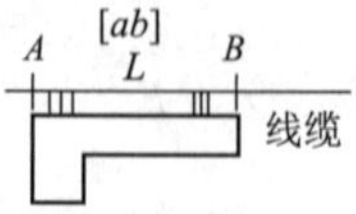 [ab] A L B 线缆	1. 多个小短线段上方长线段为线缆； 2. A、B 为分段标注的起始点； 3. L 为 A、B 两点之间的段长（单位：米），应按 A–B 分段标注； 4. [a、b]为线缆的型号及容量	新增	对于不同沿墙布放方式分别增加图例规范并增加说明和标注
5–22	电缆气闭套管			原有	
5–23	电缆充气点（气门）	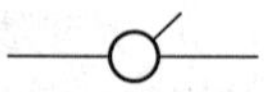		原有	

续表

序号	名称	图例	说明	图例修改情况	新增图例及原有改进理由
5-24	电缆带气门的气闭套管			新增	完善气闭套管的形式
5-25	电缆检测线引出套管			原有	
5-26	电缆气压报警套管			原有	
5-27	线缆预留	m A	画法：画于线路路由旁。 *A*：线缆预留地点； *m*：线缆预留长度（单位：米）	原有改进	增加部分说明和标注
5-28	线缆蛇形敷设	A d/s B	画法：画于线路路由旁。 *d*：为 *A*、*B* 两点之间的直线距离（单位：米）； *s*：为 *A*、*B* 两点之间的线缆蛇形敷设长度（单位：米）	原有改进	增加部分说明和标注
5-29	水线房			原有	
5-30	通信线路巡房			原有	
5-31	通信线交接间			原有	
5-32	水线通信线标志牌	或	单杆或 H 杆	原有改进	图例增加水纹
5-33	直埋通信线标志牌			新增	弥补直埋线路标志盘的表示方式
5-34	防止通信线蠕动装置			原有	
5-35	埋式线缆上方保护	铺*m*、*n*米 线缆	1. 画法：断面图画于图纸中线路的路由旁，适当放大比例，合适为宜； 2. 直埋线缆线上方保护方式有铺砖和水泥盖板等； *m*：保护材质种类（砖，水泥盖板）； *n*：保护段长度（单位：米）	原有改进	增加部分说明和标注

续表

序号	名称	图例	说明	图例修改情况	新增图例及原有改进理由
5-36	埋式线缆穿管保护	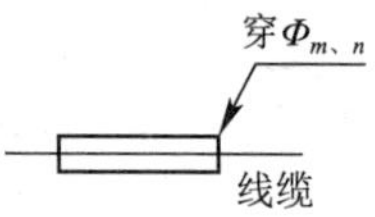 穿$\Phi_{m、n}$ 线缆	1. 画法：断面图画于图纸中线路的路由旁，适当放大比例，合适为宜； 2. 直埋线缆外穿套管保护，有钢管、塑料管等； Φ：保护套管直径（单位：毫米）； m：保护套管材料种类（钢管、塑料管等）； n：套管的保护长（单位：米）	原有改进	增加部分说明和标注
5-37	埋式线缆上方敷设排流线	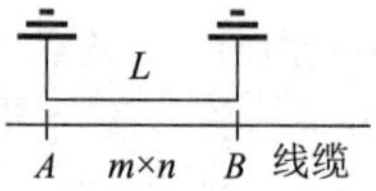 L A $m\times n$ B 线缆	1. 画法：排流线一般都以附页方式集中出图，应按 A–B 分段标注； 2. 勘察中的实测数据： L 为线缆 A、B 两点之间的距离（单位：米）； $m\times n$：排流线材料种类、程式及条数	原有改进	增加部分说明和标注
5-38	埋式线缆旁敷设消弧线	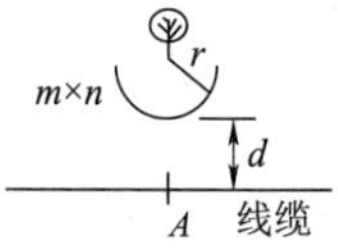 r $m\times n$ d A 线缆	1. 画法：平面图画于图纸中线路路由旁，适当放大比例，合适为宜。 2. 勘察中的实测数据： A 为线缆旁敷设消弧线的地点； r 为消弧线敷设的圆弧半径（单位：米）； d 为消弧线与光缆之间的水平距离（单位：米）； $m\times n$ 为消弧线材料种类、程式及条数	原有改进	增加部分说明和标注
5-39	直埋线缆保护（护坎）	 h B护坎 $m\times n$	画法：画于图纸中线路路由旁。 B：直埋线缆保护种类（如：石砌或三七土护坎）； h：护坎的高度（单位：米）； m：护坎的宽度； n：护坎的厚度	新增	完善缆线保护方式的表示形式

续表

序号	名称	图例	说明	图例修改情况	新增图例及原有改进理由
5–40	直埋线缆保护（沟堵塞）	 h 石砌沟堵塞	1. 画法：画于图纸中线路路由旁。 2. 勘察中的实测数据： h 为沟堵塞的高度（单位：米）	新增	完善缆线保护方式的表示形式
5–41	直埋线缆保护（护坡）	 L 石砌护坡 $m×n$	1. 画法：画于图纸中线路路由旁。 2. 勘察中的实测数据： L 为护坡的长度（单位：米）； m 为护坎的宽度； n 为护坎的深度	新增	完善缆线保护方式的表示形式
5–42	架空线缆交接箱	 J R	J：代表交接箱编号，为字母及阿拉伯数字； R：交接箱容量	原有	
5–43	落地线缆交接箱	 J R	J：代表交接箱编号，为字母及阿拉伯数字； R：交接箱容量	有	
5–44	壁龛线缆交接箱	 J R	J：代表交接箱编号，为字母及阿拉伯数字； R：交接箱容量	原有	
5–45	电缆分线盒	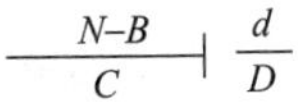 $\frac{N\text{-}B}{C}$ $\frac{d}{D}$	N：分线盒编号； d：现有用户数； B：分线盒容量； D：设计用户数； C：分线盒线序号段	原有改进	增加部分说明和标注
5–46	电缆分线箱	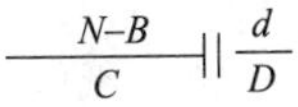 $\frac{N\text{-}B}{C}$ $\frac{d}{D}$	N：分线箱编号； d：现有用户数； B：分线箱容量； D：设计用户数； C：分线箱线序号段	原有改进	增加部分说明和标注
5–47	电缆壁龛分线箱	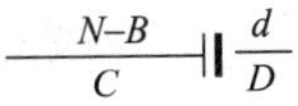 $\frac{N\text{-}B}{C}$ $\frac{d}{D}$	N：分线箱编号； d：现有用户数； B：分线箱容量； D：设计用户数； C：分线箱线序号段	原有改进	增加部分说明和标注
5–48	电缆平衡套管			新增	完善电缆套管的表示种类
5–49	电缆加感套管	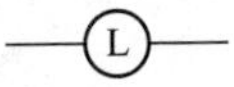 L		新增	完善电缆套管的表示种类

续表

序号	名称	图例	说明	图例修改情况	新增图例及原有改进理由
5–50	直埋线缆标石	 B	B：用字母表示直埋线缆标石种类（接头、转弯点、预留等）	原有	
5–51	更换	/		新增	规范该项目的表示方式
5–52	拆除	×		新增	规范该项目的表示方式
5–53	线缆割接符号	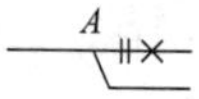 A	*A*：割接点位置	新增	规范该项目的表示方式
5–54	缩节线（延长线）			新增	规范该项目的表示方式
5–55	待建或规划线路	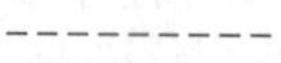		新增	规范该项目的表示方式
5–56	接图线（本页图纸内的上图）	 *m* *m*	1. 画法：画于通信线路上图的末端处，垂直于通信线； 2. *m* 为字母及阿拉伯数字	原有改进	增加部分说明和标注
5–57	接图线（本页图纸内的下图）	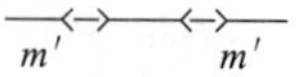 *m′* *m′*	1. 画法：画于通信线路下图的首端处，垂直于通信线； 2. *m′* 为字母及阿拉伯数字	原有改进	增加部分说明和标注
5–58	接图线（相邻图间）	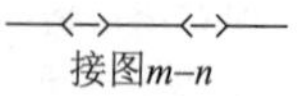 接图*m*–*n*	1. 画法：在主图和分图中，分别标注相互连接的图号； 2. *m* 为图纸编号、*n* 为阿拉伯数字	原有改进	增加部分说明和标注
5–59	通信线与电力线交越防护	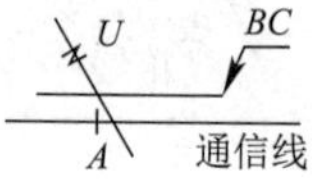 *U* *BC* *A* 通信线	画法：画于图纸中线路路由中。 *A*：与电力线交越的通信线的交越点； *U*：电力线的额定电压值，单位为 kV； *B*：通信线防护套管的种类； *C*：防护套管的长度（单位：米）	新增	规范该项目的表示方式

续表

序号	名称	图例	说明	图例修改情况	新增图例及原有改进理由
5-60	指北针	N 或 N	1. 画法：图中指北针摆放位置首选图纸的右上方，次选图纸的左上方； 2. N 代表北极方向	新增	规范该项目的表示方式
5-61	室内走线架			新增	规范该项目的表示方式
5-62	室内走线槽道		明槽道：实线； 暗槽道：虚线	新增	规范该项目的表示方式

5.3　架空杆路

序号	名称	图例	说明	图例修改情况	新增图例及原有改进理由
5-63	木电杆	h/p_m	h：杆高（单位：米），主体电杆不标注杆高，只标注主体以外的杆高； p_m：电杆的编号（每隔 5 根电杆标注一次）	原有改进	增加部分说明和标注
5-64	圆水泥电杆	h/p_m	h：杆高（单位：米），主体电杆不标注杆高，只标注主体以外的杆高； p_m：电杆的编号（每隔 5 根电杆标注一次）	新增	弥补水泥杆的图例
5-65	单接木电杆	$A+B/p_m$	A：单接杆的上节（大圆）杆高（单位：米）； B：单接杆的下节（小圆）杆高（单位：米）； p_m：电杆的编号	原有改进	增加部分说明和标注
5-66	品接木电杆	$A+B\times2/p_m$	A：品接杆的上节（大圆）杆高（单位：米）； $B\times2$：品接杆的下节（小圆）杆高（单位：米），2 代表双接腿； p_m：电杆的编号	原有改进	增加部分说明和标注
5-67	H 形木电杆	h/p_m	h：H 杆的杆高（单位：米）； p_m：电杆的编号	原有改进	增加部分说明和标注

续表

序号	名称	图例	说明	图例修改情况	新增图例及原有改进理由
5–68	杆面形式图	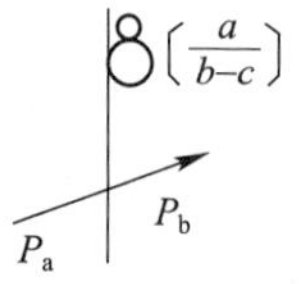 $\left(\frac{a}{b-c}\right)$ P_a P_b	1. 画法：画图方向为从杆号 P_a 面向 P_b 的方向画图； 2. 小圆：为吊线； 3. 大圆：为光缆； 4. a 为吊线程式； 5. b 为光缆型号， 6. c 为光缆容量； 7. $P_a \sim P_b$ 为该杆面型式图的杆号段	新增	规范该项目的表示方式
5–69	木撑杆	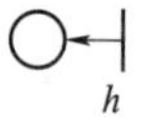 h	h：撑杆的杆高（长度）	原有改进	增加部分说明和标注
5–70	电杆引上	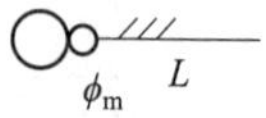 ϕ_m L	ϕ_m：引上钢管的外直径（单位：毫米）； L：引出点至引上杆的直埋部分段长（单位：米）	原有改进	增加部分说明和标注
5–71	墙壁引上	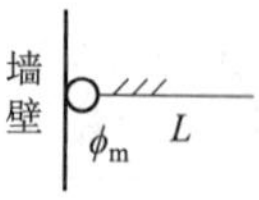 墙壁 ϕ_m L	ϕ_m：引上钢管的外直径（单位：毫米）； L：引出点至引上杆的直埋部分段长（单位：米）	新增	规范该项目的表示方式
5–72	电杆直埋式地线避雷针）			原有	
5–73	电杆延伸式地线（避雷针）			新增	规范该项目的表示方式
5–74	电杆拉线式地线（避雷针）			新增	规范该项目的表示方式
5–75	吊线接地	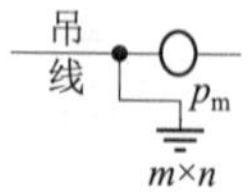 吊线 p_m $m \times n$	画法：画于线路路由的电杆旁，接在吊线上。 p_m：电杆编号； m：接地体材料种类及程式； n：接地体个数	新增	规范该项目的表示方式
5–76	木电杆放电间隙			原有改进	增加部分说明和标注
5–77	电杆装放电器			原有	

续表

序号	名称	图例	说明	图例修改情况	新增图例及原有改进理由
5-78	保护地线			新增	规范该项目的表示方式
5-79	电杆移位（木电杆）	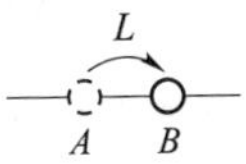 L A B	1. 电杆从 A 点移至 B 点； 2. L：电杆移动距离（单位：米）	新增	规范该项目的表示方式
5-80	电杆移位（圆水泥电杆）	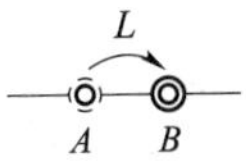 L A B	1. 电杆从 A 点移至 B 点； 2. L：电杆移动距离（单位：米）	新增	规范该项目的表示方式
5-81	电杆更换	h	h：更换后电杆的杆高（单位：米）	新增	规范该项目的表示方式
5-82	电杆拆除	h	h：拆除电杆的杆高（单位：米）	新增	规范该项目表示方式
5-83	电杆分水桩	 h	h：分水桩的杆高（单位：米）	原有改进	增加部分说明和标注
5-84	电杆围桩保护		在河道内打桩	原有	
5-85	电杆石笼子	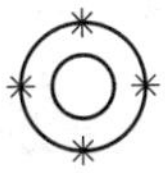	与电杆围桩的画法统一	新增	规范该项目的表示方式
5-86	电杆水泥护墩	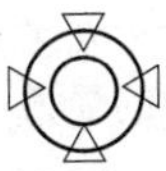	与电杆围桩的画法统一	新增	规范该项目的表示方式
5-87	单方拉线	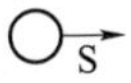 S	S：拉线程式。多数拉线程式一致时，可以通过设计说明介绍，图中只标注个别的拉线程式	原有改进	增加部分说明和标注
5-88	单方双拉线（平行拉线）	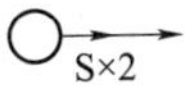 S×2	2：两条拉线一上一下，相互平行； S：拉线程式	新增	规范该项目的表示方式
5-89	单方双拉线（V 形拉线）	 VS×2	V×2：两条拉线一上一下，呈 V 形，共用一个地锚； S：拉线程式	原有改进	增加部分说明和标注

续表

序号	名称	图例	说明	图例修改情况	新增图例及原有改进理由
5-90	高桩拉线	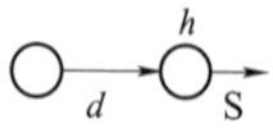 h d S	h：高桩拉线杆的杆高（单位：米）； d：正拉线的长度，即高桩拉线杆至拉线杆的距离（单位：米）； S：副拉线的拉线程式	原有改进	增加部分说明和标注
5-91	Y 形拉线（八字拉线）	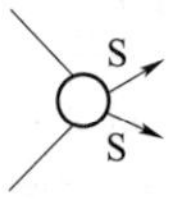 S S	S：拉线程式	新增	规范该项目的表示方式
5-92	吊板拉线	 S	S：拉线程式	新增	规范该项目的表示方式
5-93	电杆横木或卡盘			新增	规范该项目的表示方式
5-94	电杆双横木			新增	规范该项目的表示方式
5-95	横木或卡盘（终端杆）		横木或卡盘：放置在电杆杆根的受力点处	新增	规范该项目的表示方式
5-96	横木或卡盘（角杆）	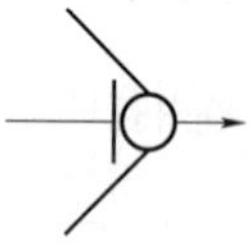	横木或卡盘：放置在电杆杆根的受力点处	新增	规范该项目的表示方式
5-97	横木或卡盘（跨路）		横木或卡盘：放置在电杆杆根的受力点处	新增	规范该项目的表示方式
5-98	横木或卡盘（长杆挡）	 L 长杆挡	横木或卡盘：放置在电杆杆根的受力点处	新增	规范该项目的表示方式
5-99	单接木杆（跨越）	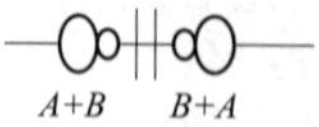 A+B B+A	A：单接杆的上节（大圆）杆高（单位：米）； B：单接杆的下节（小圆）杆高（单位：米）	新增	规范该项目的表示方式
5-100	单接木杆（坡地）	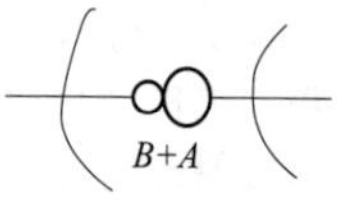 B+A	A：单接杆的上节（大圆）杆高（单位：米）； B：单接杆的下节（小圆）杆高（单位：米）	新增	规范该项目的表示方式
5-101	单接木杆（角杆）	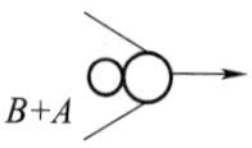 B+A	A：单接杆的上节（大圆）杆高（单位：米）； B：单接杆的下节（小圆）杆高（单位：米）	新增	规范该项目的表示方式

续表

序号	名称	图例	说明	图例修改情况	新增图例及原有改进理由
5-102	电杆护桩	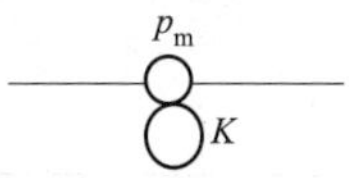	K：护桩的规格程式（单位：毫米和米）； p_m：电杆的编号	新增	规范该项目的表示方式
5-103	电杆帮桩	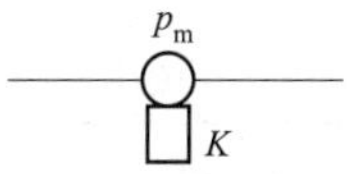	K：帮桩的规格程式（单位：毫米和米）； p_m：电杆的编号	新增	规范该项目的表示方式
5-104	打桩单杆（单接杆）	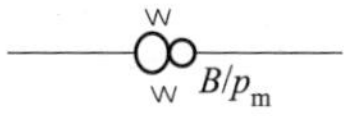	B：打桩单接杆的下节（小圆）杆高（单位：米）； p_m：电杆的编号	新增	规范该项目的表示方式
5-105	打桩双杆（品接杆）	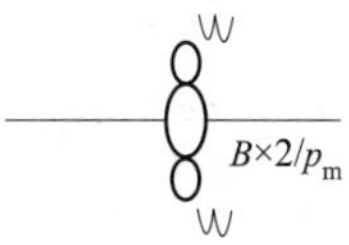	B：打桩品接杆的下节（小圆）杆高（单位：米）； p_m：电杆的编号	新增	规范该项目的表示方式
5-106	防风拉线（对拉）	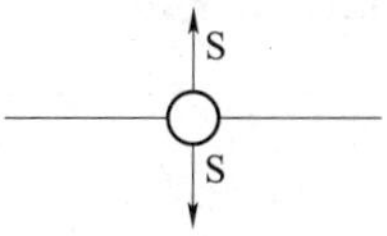	S：防风拉线的拉线程式	原有改进	增加部分说明和标注
5-107	防凌拉线（四方拉）	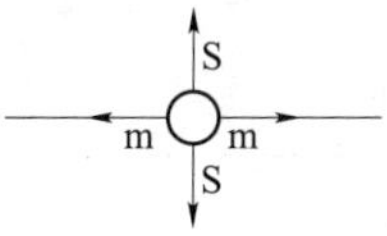 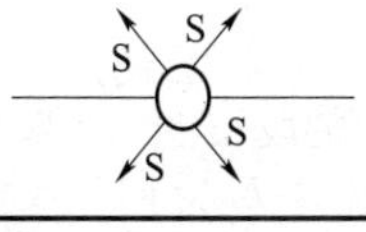	S：防凌拉线的“侧向拉线”程式（7/2.2 钢绞线）； m：防凌拉线的“顺向拉线”程式（7/3.0 钢绞线）；	原有改进	增加部分说明和标注

5.4 民用建筑线路

序号	名称	图例	说明	图例修改情况	新增图例及原有改进理由
5-108	光/电转换器	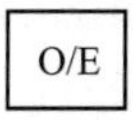 O/E	O：光信号； E：电信号	新增	规范该项目的表示方式
5-109	电/光转换器	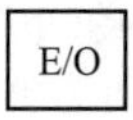 E/O	O：光信号； E：电信号	新增	规范该项目的表示方式
5-110	光中继器	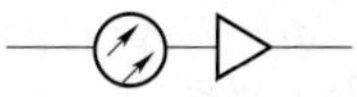		新增	规范该项目的表示方式
5-111	墙壁综合箱（明挂式）	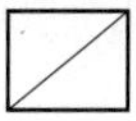		新增	规范该项目的表示方式

续表

序号	名称	图例	说明	图例修改情况	新增图例及原有改进理由
5–112	墙壁综合箱（壁嵌式）			新增	规范该项目的表示方式
5–113	过路盒（明挂式）			新增	规范该项目的表示方式
5–114	过路盒（壁嵌式）			新增	规范该项目的表示方式
5–115	ONU 设备	ONU	ONU：光网络单元	新增	规范该项目的表示方式
5–116	ODF 设备	ODF	ODF：光纤配线架	新增	规范该项目的表示方式
5–117	OLT 设备	OLT	OLT：光线路终端	新增	规范该项目的表示方式
5–118	光分路器	1:n	n：分光路数	新增	规范该项目的表示方式
5–119	家居配线箱	P		新增	规范该项目的表示方式
5–120	室内线路（暗管）（细管单缆）	A L B 室内墙壁 暗管与线缆 $\left[\frac{\Phi_m}{ab}\right]$	1. A、B 为分段标注的起始点； 2. L：A、B 两点之间暗管的段长（单位：米），应按 A–B 方向分段标注； 3. Φ_m：暗管的直径（单位：毫米）； 4. a、b：线缆的型号及容量	新增	规范该项目的表示方式
5–121	室内线路（明管）（细管单缆）	A L B 室内墙壁 明管与线缆 $\left[\frac{\Phi_m}{ab}\right]$	1. A、B 为分段标注的起始点； 2. L：A、B 两点之间明管的段长（单位：米），应按 A–B 方向分段标注； 3. Φ_m：明管的直径（单位：毫米）； 4. a、b：线缆的型号及容量	新增	规范该项目的表示方式

续表

序号	名称	图例	说明	图例修改情况	新增图例及原有改进理由
5–122	室内槽盒线路（槽盒）（大槽多缆）	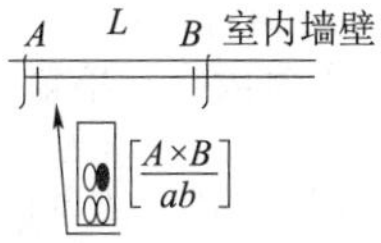 A L B 室内墙壁 [A×B / ab]	1. *A*、*B* 为分段标注的起始点； 2. *L*：*A*、*B* 两点之间槽盒的段长(单位：米)，应按 *A–B* 方向分段标注； 3. *A×B*：槽盒的高与宽（单位：毫米）； 4. *a*、*b*：线缆的型号及容量	新增	规范该项目的表示方式
5–123	室内钉固线路	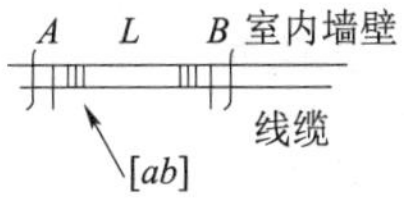 A L B 室内墙壁 线缆 [ab]	1. *A*、*B* 为分段标注的起始点； 2. *L*：*A*、*B* 两点之间钉固线缆的段长(单位：米)，应按 *A–B* 方向分段标注； 3. *a*、*b*：线缆的型号及容量	新增	规范该项目的表示方式

5.5　配线架

序号	名称	图例	说明	图例修改情况	新增图例及原有改进理由
5–124	光纤总配线架	 H / OMDF / V	OMDF：表示光纤总配线架； H：表示设备侧横板端子板； V：表示线路侧立板端子板	新增	规范该项目的表示方式
5–125	光分路器箱	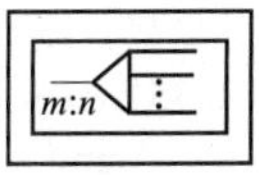 m:n	*m*：配线光缆芯数 *n*：分光路数	新增	规范该项目的表示方式
5–126	光分纤箱	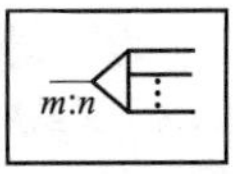 m:n	*m*：配线光缆芯数 *n*：引入光缆条数	新增	规范该项目的表示方式

6 通信管道

序号	名称	图例	说明	图例修改情况	新增图例及原有改进理由
6–1	通信管道	——/——	1. *A*、*B*：为两人（手）孔或管道预埋端头的位置，应分段标注； *L*：管道段长（单位：米）； 2. 图形线宽、线型： 原有：0.35 mm，实线； 新设：1 mm，实线； 规划预留：0.75 mm，虚线； 3. 拆除：在“原有”图形上打“×”叉线线宽：0.70 mm	新增	增加各类综合图、测绘图、规划方案图中最常用表示符号
6–2	人孔		1. 此图形不确定井型，泛指通信人孔； 2. 图形线宽、线型： 原有：0.35 mm，实线； 新设：0.75 mm，实线； 规划预留：0.75 mm，虚线； 3. 拆除：在“原有”图形上打“×”叉线线宽：0.70 mm	新增	各类综合图、测绘图、规划方案图中最常用表示符号
6–3	直通型人孔		1. 图形线宽、线型： 原有：0.35 mm，实线； 新设：0.75 mm，实线； 规划预留：0.75 mm，虚线； 2. 拆除：在“原有”图形上打“×”叉线线宽：0.70 mm	原有改进	去掉原有中间穿井线缆部分，突出人孔调整为更接近实际井型
6–4	斜型人孔		1. 如有长端，则长端方向图形加长； 2. 图形线宽、线型： 原有：0.35 mm 实线； 新设：0.75 mm，实线； 规划预留：0.75 mm，虚线； 3. 拆除：在“原有”图形上打“×”叉线线宽：0.70 mm	原有改进	去掉原有中间穿井线缆部分，突出人孔

续表

序号	名称	图例	说明	图例修改情况	新增图例及原有改进理由
6–5	三通型人孔		1. 三通型人孔的长端方向图形加长； 2. 图形线宽、线型： 原有：0.35 mm，实线； 新设：0.75 mm，实线； 规划预留：0.75 m，虚线； 3. 拆除：在“原有”图形上打“×”叉线线宽：0.70 mm	原有改进	去掉原有中间穿井线缆部分，突出人孔。增加表示出人孔长端
6–6	四通型人孔		1. 四通型人孔的长端方向图形加长； 2. 图形线宽、线型： 原有：0.35 mm，实线； 新设：0.75 mm，实线； 规划预留：0.75 mm，虚线； 3. 拆除：在“原有”图形上打“×”叉线线宽：0.70 mm	原有改进	去掉原有中间穿井线缆部分，突出人孔。增加表示出人孔长端
6–7	拐弯型人孔		1. 图形线宽、线型： 原有：0.35 mm，实线； 新设：0.75 mm，实线； 规划预留：0.75 mm，虚线； 2. 拆除：在“原有”图形上打“×”叉线线宽：0.70 mm	新增	增加部分地区常用井型
6–8	局前人孔		1. 八字朝主管道出局方向； 2. 图形线宽、线型： 原有：0.35 mm，实线； 新设：0.75 mm，实线； 规划预留：0.75 mm，虚线； 3. 拆除：在“原有”图形上打“×”叉线线宽：0.70 mm	原有改进	去掉原有中间穿井线缆部分，突出人孔

续表

序号	名称	图例	说明	图例修改情况	新增图例及原有改进理由
6–9	手孔	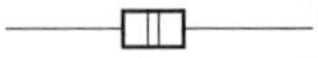	1. 图形线宽、线型： 原有：0.35 mm，实线； 新设：0.75 mm，实线； 规划预留：0.75 mm，虚线； 2. 拆除：在“原有”图形上打“×”叉线线宽：0.70 mm	原有	
6–10	超小型手孔	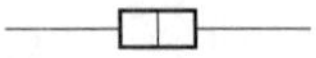	1. 图形线宽、线型： 原有：0.35 mm，实线； 新设：0.75 mm，实线； 规划预留：0.75 mm，虚线； 2. 拆除：在“原有”图形上打“×”叉线线宽：0.70 mm	新增	增加部分地区常用井型
6–11	埋式手孔	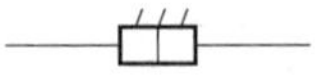	1. 图形线宽、线型： 原有：0.35 mm，实线； 新设：0.75 mm，实线； 规划预留：0.75 mm，虚线； 2. 拆除：在“原有”图形上打“×”叉线线宽：0.70 mm	原有	
6–12	顶管内敷设管道		1. 长方框体表示顶管范围，管道由顶管内通过，管道外加设保护套管也可用此图例； 2. 图形线宽： 原有：0.35 mm； 新设：0.75 mm	新增	增加非开挖敷设管道图例
6–13	定向钻敷设管道		1. 长方虚线框体表示定向钻孔洞范围，管道由孔洞内通过； 2. 图形线宽： 原有：0.35 mm； 新设：0.75 mm	新增	增加非开挖敷设管道图例

7　无线通信

7.1　移动通信

序号	名称	图例	说明	图例修改情况	新增图例及原有改进理由
7–1	手机		可标示所有功能机及智能机	原有改进	增加部分说明和标注
7–2	一体化基站		可标示移动通信系统中一体化基站，含宏基站及小基站。 可在图形内或图形旁加注文字表示不同的基站类型，例如：BS、GSM及CDMA。 系统基站： NodeB：UMTS 系统基站； eNodeB：LTE 系统基站。 可在图形内或图形旁加注文字符号表示不同系统及工作频段，例如：GSM900MHz、CDMA、TD–SCDMA 、 TD–LTE 2600MHz	原有改进	增加部分说明和标注
7–3	室内平面图用一体化小基站		可标示绘制于室内平面图中的各种一体化小基站（含有源天线），例如：各种有源天线、Smallcell 的不同形态、内置天线的各种微型 RRU	新增	增加部分说明和标注
7–4	分布式基站	BBU	可在图形内加注文字符号表示分布式基站的不同节点设备，例如： BBU：基带处理单元； RRU：射频处理单元； rHUB：无线路由器。 可在图形内或图形旁加注文字符号表示不同系统，例如：GSM、TDS-CDMA、WCDMA、CDMA	原有改进	增加部分说明和标注

续表

序号	名称	图例	说明	图例修改情况	新增图例及原有改进理由
7-5	室外全向天线	俯视 正视	可在图形旁加注文字符号表示不同类型，例如： Tx：发信天线； Rx：收信天线； Tx/Rx：收发共用天线	原有改进	
7-6	定向板状天线	俯视 正视 侧视 背视	可标示各种板状天线，如双极化板状定向天线、隐蔽型小板状天线等。可在图形旁加注文字符号表示不同类型，例如： Tx：发信天线； Rx：收信天线； Tx/Rx：收发共用天线	原有改进	
7-7	八木天线			原有	
7-8	对数周期天线			原有	
7-9	单极化全向吸顶天线			原有改进	简化图标
7-10	双极化全向吸顶天线			原有改进	简化图标
7-11	单极化定向吸顶天线			原有	
7-12	双极化定向吸顶天线			原有	
7-13	抛物面天线			原有	
7-14	角反射天线			原有改进	在抛物面天线基础上增加了角反射天线，是深度覆盖场景下应用较多的一种天线类型

续表

序号	名称	图例	说明	图例修改情况	新增图例及原有改进理由
7–15	GPS 天线	G 俯视 侧视		新增	GPS 天线现应用比较广
7–16	1/2″跳线	- - - - - - - - - - - - - - - - -		原有	
7–17	1/2″馈线	————————	可在图形旁加注文字符号表示不同类型，例如：超柔 1/2″馈线	原有改进	原来只有一种馈线类型，不利于进行物料清单统计，现在用线表示，更清晰简约
7–18	7/8″馈线	– – – – – – – – – – – –		原有改进	原来只有一种馈线类型，不利于进行物料清单统计，现在用线表示，更清晰简约
7–19	泄漏电缆	——×——×——		原有	
7–20	二功分器			原有	
7–21	三功分器			原有	
7–22	四功分器			原有	
7–23	二合路器			原有	

续表

序号	名称	图例	说明	图例修改情况	新增图例及原有改进理由
7–24	三合路器			原有	
7–25	四合路器			原有	
7–26	耦合器			原有改进	简化图标
7–27	干线放大器	> <		原有	
7–28	负载			原有	
7–29	电桥		左图为无内置负载的图例，右图为内置负载的图例	原有改进	增加部分说明和标注
7–30	衰减器	dB		原有改进	增加部分说明和标注
7–31	可调衰减器	dB		原有改进	增加部分说明和标注
7–32	传感器	感	传感器包括温度、湿度、光感、声音、烟等类型传感器。左图例为烟传感器标注示例	原有	

7.2　微波通信与无线接入

序号	名称	图例	说明	图例修改情况	新增图例及原有改进理由
7–33	点对多点汇接站	CS		原有	

续表

序号	名称	图例	说明	图例修改情况	新增图例及原有改进理由
7-34	点对多点微波站	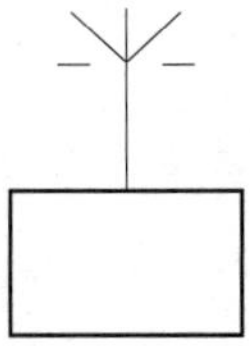	可在图形内加注文字符号表示不同类型，例如： BS：点对多点微波中心站； RS：点对多点微波中继站	原有改进	增加部分说明和标注
7-35	点对多点用户站	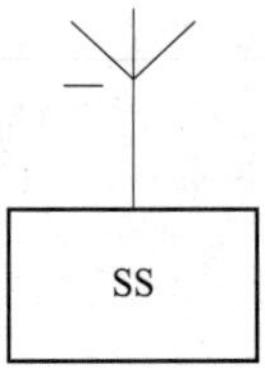 SS		原有	
7-36	微波通信中继站	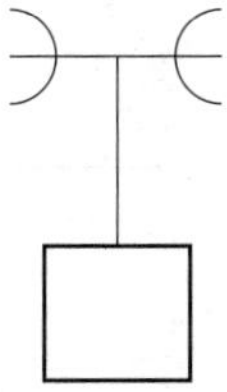	本图例也可标示无线直放站	原有	
7-37	微波通信分路站	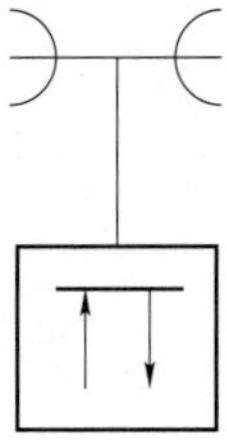		原有	
7-38	微波通信终端站	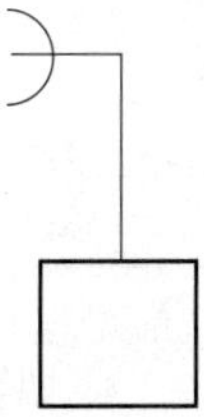		原有	
7-39	无源接力站的一般符号			原有	
7-40	空间站的一般符号	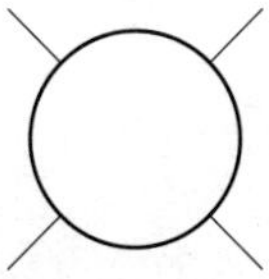		原有	

续表

序号	名称	图例	说明	图例修改情况	新增图例及原有改进理由
7-41	有源空间站			原有	
7-42	无源空间站			原有	
7-43	跟踪空间站的地球站			原有	
7-44	卫星通信地球站			原有	
7-45	甚小卫星通信地球站	VSAT		原有	
7-46	无线局域网的接入点	AP 平面图用AP AP 系统图用AP (与蜂窝系统合路方式) AP 系统图用AP (独立布放方式)		新增	增加部分说明和标注

8　核心网

序号	名称	图例	说明	图例修改情况	新增图例及原有改进理由
8–1	TDM 交换网元		例子： ISC：国际交换局； TS：固网长途局； TM：固网汇接局； TMSC：移动网汇接局； GW：关口局（互联互通）； MSC：移动网端局； LS：固网端局	新增	按功能对网元重新进行分类
8–2	接入层网元		例子： AGW：接入网关； IAD：综合接入设备； ONU：光网络单元； OLT：光线路终端； DSLAM：数字用户线接入复用器； Modem：调制解调设备	新增	按功能对网元重新进行分类
8–3	控制层网元		例子： SS：软交换机； MSC Server：移动网络软交换服务器； CSCF：呼叫会话控制功能单元； MGCF：媒体网关控制功能单元； BGCF：出口网关控制功能单元； MME：移动管理单元； MRFC：多媒体资源控制器； PCRF：策略与计费规则功能单元	新增	按功能对网元重新进行分类
8–4	承载层网元		例子： TG：中继网关； MGW：媒体网关； TMGW：汇接媒体网关； MRFP：多媒体资源处理器； S–GW：服务网关； P–GW：分组数据网网关	新增	按功能对网元重新进行分类

续表

序号	名称	图例	说明	图例修改情况	新增图例及原有改进理由
8-5	信令网元	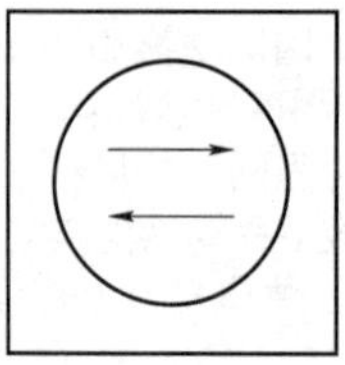	例子： ISTP：国际信令转接点； HSTP：高级信令转接点； LSTP：低级信令转接点； SG：信令网关； DRA：路由代理节点	新增	按功能对网元重新进行分类
8-6	用户数据网元	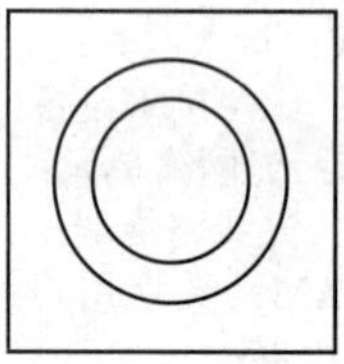	例子： HLR：归属位置寄存器； AAA：认证授权及计费服务器； HSS：归属用户服务器	新增	按功能对网元重新进行分类
8-7	边界网元	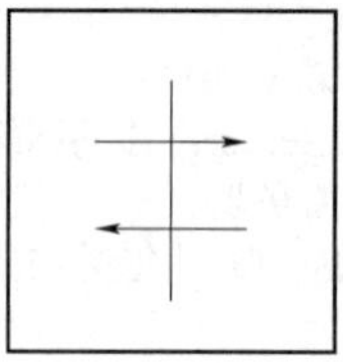	例子： BAC：边缘接入控制网关； SEG：安全网关	新增	按功能对网元重新进行分类
8-8	业务层网元	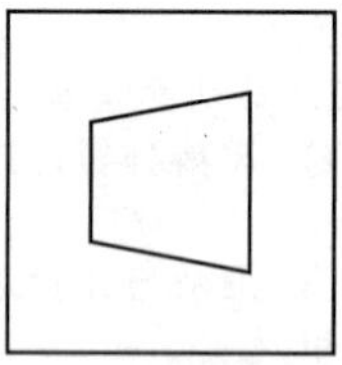	例子： SCP：（智能网）业务控制节点； MMTel Server：多媒体电话业务服务器； SMSC：短消息服务中心	新增	按功能对网元重新进行分类
8-9	移动分组域；网元	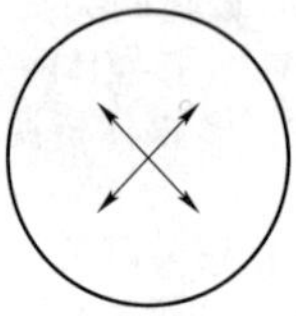	例子： PDSN：分组业务数据节点； GGSN：GPRS 网关支持节点； SGSN：GPRS 服务支持节点	新增	按功能对网元重新进行分类

9 数据网络

序号	名称	图例	说明	图例修改情况	新增图例及原有改进理由
9–1	路由器		例子： CR/BR/P：核心路由器/汇聚路由器/骨干路由器； PE/SR：边缘路由器/业务路由器； CE：用户边缘路由器； MSE/BAS：多业务边缘路由器/宽带接入服务器	原有	
9–2	交换机		例子： LAN Switch：以太网交换机	原有改进	原名字为局域网交换机/HUB
9–3	防火墙		例子： Firewall：防火墙	原有改进	原用点填充，现用网格
9–4	入侵检测/；入侵保护		例子： IPS：入侵防御系统； IDS：入侵检测系统	新增	新增设备图例
9–5	负载均衡器		例子： Load Balancer：负载均衡器	新增	新增设备图例
9–6	异步传输模式设备（ATM）		ATM Switch：异步传输模式/ATM 交换机	新增	新增设备图例
9–7	网络云		例子： Backbone Network：骨干网； Access Network：接入网； Data Center：数据中心	新增	图形比原来规整

10 业务网、信息化系统

序号	名称	图例	说明	图例修改情况	新增图例及原有改进理由
10–1	服务器	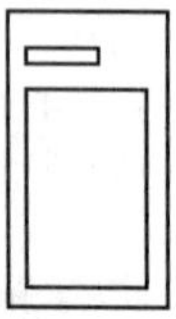	例子： X86：PC 服务器； blade：刀片服务器	原有改进	简化图形
10–2	磁盘阵列		例子： NAS：网络接入存储； IP–SAN：IP 网络存储； FC–SAN：光纤网络存储； DAS：直连存储	原有	
10–3	光纤交换机	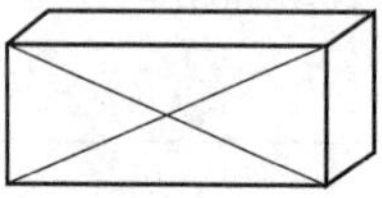		原有改进	与其他专业重复，使用立体方形与数据交换机类似
10–4	磁带库	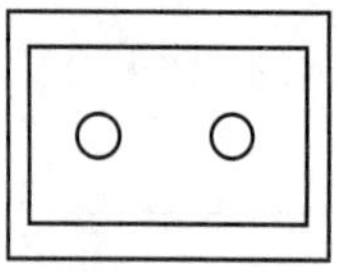		原有	
10–5	PC/工作站/终端	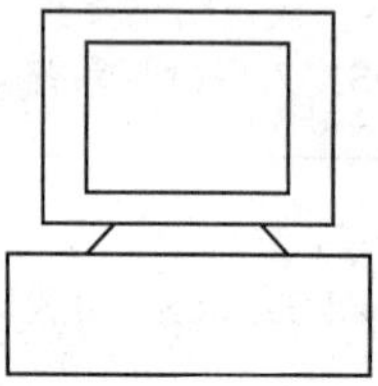		原有	
10–6	排队机	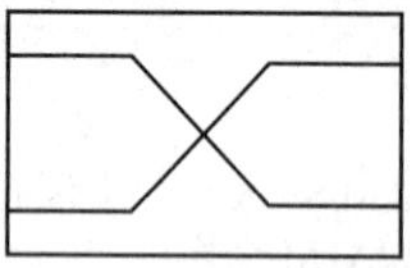		原有	

11 通信电源

序号	名称	图例	说明	图例修改情况	新增图例及原有改进理由
11–1	发电站的一般符号			原有改进	修改名称

续表

序号	名称	图例	说明	图例修改情况	新增图例及原有改进理由
11–2	变电站/配电所的一般符号	◯		原有改进	修改名称
11–3	断路器功能	×		原有	
11–4	隔离开关（隔离器）功能	--		原有	
11–5	负荷隔离开关功能			原有	
11–6	动合（常开）触点的一般符号/开关的一般符号			原有	
11–7	动断（常闭）触点			原有	
11–8	断路器			原有	
11–9	隔离开关/隔离器			原有	
11–10	负荷隔离开关			原有改进	修改名称
11–11	中间断开的转换触点			原有	
11–12	双向隔离开关/双向隔离器			原有	
11–13	自动转换开关（ATS）			原有	
11–14	熔断器的一般符号			原有	
11–15	熔断器开关			原有	

续表

序号	名称	图例	说明	图例修改情况	新增图例及原有改进理由
11–16	熔断器式隔离开关/熔断器式隔离器	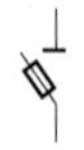		原有	
11–17	熔断器负荷开关组合器			原有	
11–18	手动开关的一般符号			原有	
11–19	机械联锁			新增	通信电源工程制图中需要使用
11–20	三角形连接的三相绕组			原有	
11–21	星形连接的三相绕组	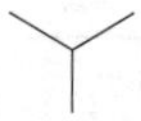		原有	
11–22	中性点引出的星形连接的三相绕组			原有	
11–23	电抗器的一般符号			原有	
11–24	电感器			原有	
11–25	双绕组变压器一般符号	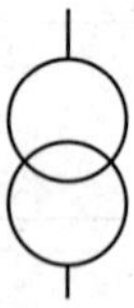		原有改进	取消形式 2
11–26	自耦变压器一般符号	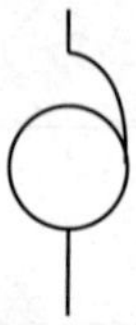		原有改进	取消形式 2
11–27	单相感应调压器	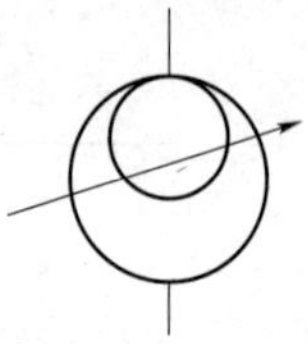		原有	

续表

序号	名称	图例	说明	图例修改情况	新增图例及原有改进理由
11–28	三相感应调压器	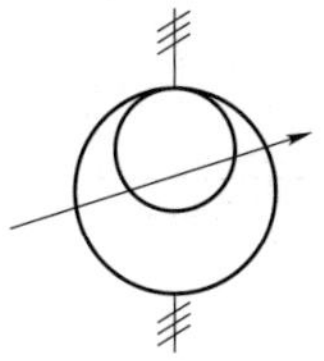		原有	
11–29	电流互感器/脉冲变压器			原有改进	取消形式 2
11–30	星形–三角形连接的三相变压器	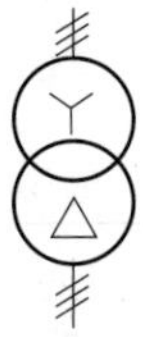		原有	
11–31	单相自耦变压器			原有	
11–32	电流互感器	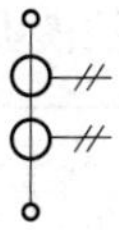	有两个铁芯，每个铁芯有一个次级绕组	原有	
11–33	交流发电机	 G ~		原有改进	统一三相和单相
11–34	直流发电机	 G		新增	通信电源工程制图中需要使用
11–35	二极管的一般符号			新增	通信电源工程制图中需要使用
11–36	稳压器	 VR		原有	
11–37	桥式全波整流器			原有	
11–38	整流器/开关电源			原有	

续表

序号	名称	图例	说明	图例修改情况	新增图例及原有改进理由
11-39	逆变器			原有	
11-40	UPS	UPS		原有	
11-41	直流-直流变换器			原有	
11-42	蓄电池/原电池或蓄电池组/直流电源功能的一般符号			原有	
11-43	太阳能/光电发生器	G		原有	
11-44	电源监控	*	符号内的星号可用下列字母代替： SC—监控中心； SS—区域监控中心； SU—监控单元； SM—监控模块	原有改进	取消形式2，与指示仪表区分
11-45	接地的一般符号			原有	
11-46	功能性接地			原有	
11-47	保护接地			原有	
11-48	避雷针			原有	
11-49	火花间隙			原有	
11-50	避雷器			原有	
11-51	电阻器的一般符号			原有改进	取消其他形式
11-52	可调电阻器			原有	

续表

序号	名称	图例	说明	图例修改情况	新增图例及原有改进理由
11-53	压敏电阻器（变阻器）	U		原有	
11-54	带分流和分压端子的电阻器			原有	
11-55	电容器的一般符号			原有改进	取消其他形式
11-56	极性电容器	+		原有改进	取消其他形式
11-57	直流			原有	
11-58	交流	∿		原有	
11-59	中性	N		原有	
11-60	保护（保护线）	P		原有	
11-61	正极性	+		原有	
11-62	负极性	-		原有	
11-63	中性线			原有	
11-64	保护线			原有	
11-65	保护线和中性线共用线			原有	
11-66	具有中性线和保护线的三相线路			原有	
11-67	指示仪表	*	符号内的星号可用下列字母代替： V—电压表； A—电流表； var—无功功率表； cosϕ—功率因数表； ϕ—相位表； Hz—频率表	原有	

续表

序号	名称	图例	说明	图例修改情况	新增图例及原有改进理由
11–68	积算仪表	 *	符号内的星号可用下列字母代替： h—小时计； Ah—安培小时计； Wh—电度表（瓦时计）； varh—无功电度表	原有	

12　机房建筑及设施

序号	名称	图例	说明	图例修改情况	新增图例及原有改进理由
12–1	外墙			原有	
12–2	内墙	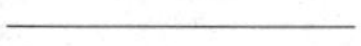		新增	根据机房制图区分需要
12–3	可见检查孔			原有	
12–4	不可见检查孔	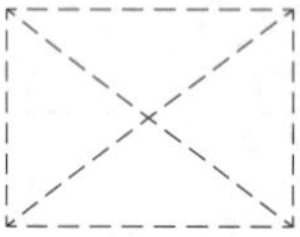		原有	
12–5	方形孔洞		左为穿墙孔，右为地板孔	原有	
12–6	圆形孔洞			原有	
12–7	方形坑槽	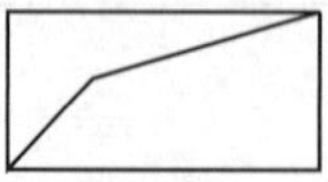		原有	
12–8	圆形坑槽	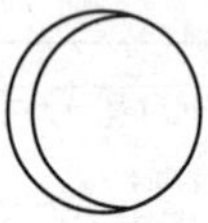		原有	
12–9	墙顶留洞	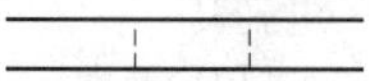	尺寸标注可采用“宽×高”或直径形式	原有	
12–10	墙顶留槽	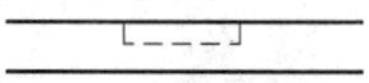	尺寸标注可采用“宽×高×深”形式	原有	

续表

序号	名称	图例	说明	图例修改情况	新增图例及原有改进理由
12-11	空门洞	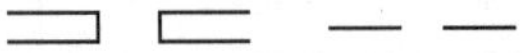	左侧为外墙，右侧为内墙	新增	根据机房制图区分需要
12-12	单扇门	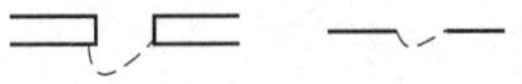	左侧为外墙，右侧为内墙	新增	根据机房制图区分需要
12-13	双扇门		同 12-12，考虑增加内墙形式	原有	
12-14	对开折叠门		同 12-12，考虑增加内墙形式	原有	
12-15	推拉门	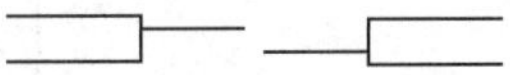	有下面四个符号，建议删除	原有	
12-16	墙外单扇推拉门			原有	
12-17	墙外双扇推拉门			原有	
12-18	墙中单扇推拉门		同 12-12，考虑增加内墙形式	原有	
12-19	墙中双扇推拉门		同 12-12，考虑增加内墙形式	原有	
12-20	单扇双面弹簧门	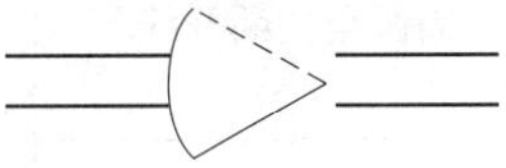	同 12-12，考虑增加内墙形式	原有	
12-21	双扇双面弹簧门		同 12-12，考虑增加内墙形式	原有	
12-22	转门	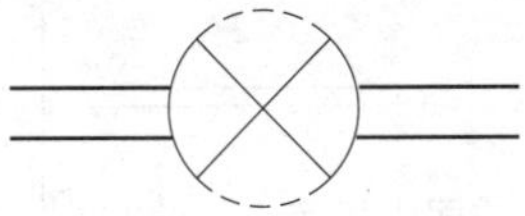		原有（部分修改）	根据机房制图区分需要
12-23	单层固定窗	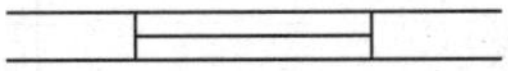	增加单层固定窗，原图形符号改为双层固定窗	新增	根据机房制图区分需要
12-24	双层固定窗			新增	根据机房制图区分需要
12-25	双层内外开平开窗	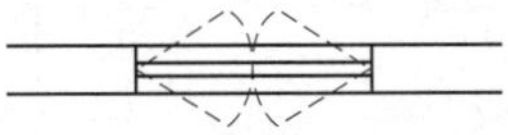		原有	
12-26	推拉窗	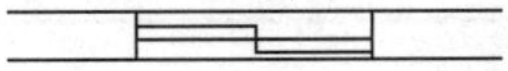		原有	

续表

序号	名称	图例	说明	图例修改情况	新增图例及原有改进理由
12-27	百叶窗	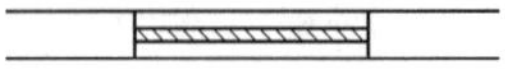		原有	
12-28	电梯			原有	
12-29	隔断	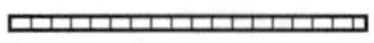	包括玻璃、金属、石膏板等	新增	根据机房制图区分需要
12-30	栏杆	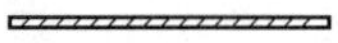		新增	根据机房制图区分需要
12-31	楼梯	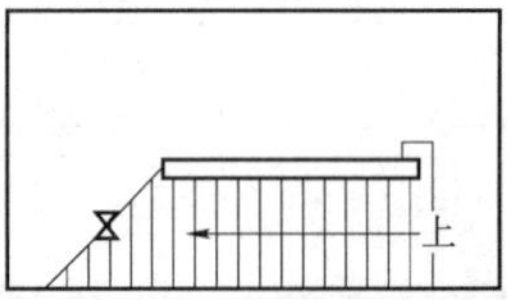 上		原有	
12-32	房柱	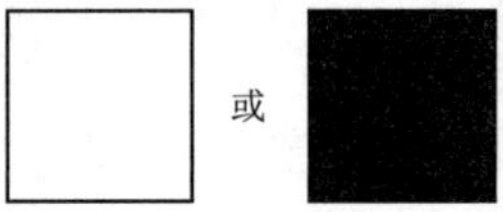 或	可依据实际尺寸及形状绘制，根据需要可选用空心或实心	原有	
12-33	折断线		不需画全的断开线	原有	
12-34	波浪线		不需画全的断开线	原有	
12-35	标高	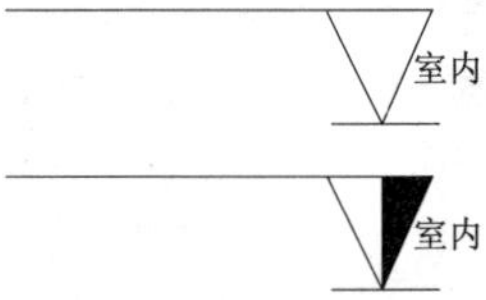 室内 室内		原有	
12-36	竖井	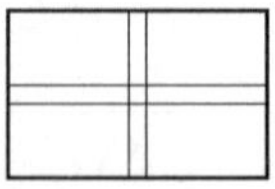	或弱电机房	新增	根据机房制图区分需要
12-37	机房	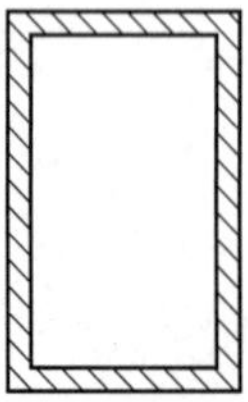		新增	根据机房制图区分需要

参 考 文 献

[1] 杨光，杜庆波. 通信工程制图与概预算［M］. 西安：西安电子科技大学出版社，2008.
[2] 黄艳华，冯友谊. 现代通信工程制图与概预算［M］. 北京：电子工业出版社，2012.
[3] 解相吾. 通信工程设计制图［M］. 北京：电子工业出版社，2013.
[4] 吴远华. 通信工程制图与概预算［M］. 北京：人民邮电出版社，2014.
[5] 解相吾，解文博. 通信工程概预算与项目管理［M］. 北京：电子工业出版社，2014.
[6] 杨光，马敏，杜庆波. 通信工程勘察设计与概预算［M］. 北京：人民邮电出版社，2014.

参考文献

[1] [illegible]
[2] [illegible]
[3] [illegible]
[4] [illegible]
[5] [illegible]
[6] [illegible]